中华料理·潮菜文化丛书

潮菜文艺

杜奋 编著

廣東旅游出版社
GUANGDONG TRAVEL & TOURISM PRESS
悦读书·悦旅行·悦享人生

中国·广州

图书在版编目（CIP）数据

潮菜文艺 / 杜奋编著. -- 广州 : 广东旅游出版社, 2024. 8. -- (中华料理 · 潮菜文化丛书). -- ISBN 978-7-5570-3361-3

Ⅰ. TS971.2

中国国家版本馆CIP数据核字第20241T9D65号

出 版 人：刘志松
策划编辑：陈晓芬
责任编辑：方银萍
封面剪纸：陈传生
插　　图：艾颖琛　王琪琼　刘孟欣
封面设计：艾颖琛
内文设计：谭敏仪
责任校对：李瑞苑
责任技编：冼志良

潮菜文艺
CHAOCAI WENYI

出版发行：广东旅游出版社
（广州市荔湾区沙面北街71号首、二层）
邮　　编：510130
电　　话：020-87347732（总编室）020-87348887（销售热线）
投稿邮箱：2026542779@qq.com
印　　刷：广州市岭美文化科技有限公司
（广州市荔湾区花地大道南海南工商贸易区A幢）
开　　本：787毫米 × 1092毫米　16开
字　　数：214千字
印　　张：17
版　　次：2024年8月第1版
印　　次：2024年8月第1次
定　　价：98.00元

编委会机构名单

一、策划组织单位

汕头市文化广电旅游体育局　汕头市侨务局　汕头市外事局

汕头市潮汕历史文化研究会　汕头市潮汕历史文化研究中心

二、顾问

学术顾问：林伦伦

顾　　问（按姓氏笔画为序）：刘艺良　陈幼南　陈绍扬　林楚钦　罗仰鹏　郭大杰　黄迨光

三、编委会

主　　任：李闻海

副 主 任：钟成泉　吴二持　杜更生

秘 书 长：杜更生（兼）

四、编写组

主　　编：纪瑞喜

副 主 编：林大川　李坚诚

编　　委（按姓氏笔画为序）：纪瑞喜　杜　奋　李坚诚　张燕忠　林大川　钟成泉　谢财喜

五、特聘人员

特聘摄影：韩荣华

特聘法务：蔡肖文

六、承办单位

汕头市岭东潮菜文化研究院

汕头市传统潮菜研究院

七、出版赞助单位和个人（排名不分先后）

广东省广播电视网络股份有限公司汕头分公司

广东蓬盛味业有限公司

广州市金成潮州酒楼饮食有限公司

新西兰潮属总会

深圳市喜利来东升酒业有限公司

泰国大华大酒店董事长陈绍扬先生

总序

中华潮菜，人人所爱

——《中华料理·潮菜文化丛书》序

林伦伦

经过大师们一字一句的不辍努力，这套《中华料理·潮菜文化丛书》前5册稿子终于杀青了。丛书主编纪总瑞喜兄让我为丛书作个序言。我跟纪总可以算是老朋友了，20多年前我还在汕头大学工作的时候，就曾经帮纪总策划印行过一本当时比较时尚、文化味较浓的建业酒家菜谱，从此就没少来往。老朋友有请，我却之不恭，就只好以“吃货”冒充美食家，把大半辈子吃潮菜的体会写出来，充数作为序言。

我以前曾经认真拜读、学习过钟成泉大师的“潮菜三部曲”——《饮和食德：潮菜的传承与坚持》《饮和食德：老店老铺》《潮菜心解》和张新民大师的“潮菜姊妹篇”——《潮菜天下》及其续篇《煮海笔记》等大作，现在又阅读了钟成泉、纪瑞喜、林大川等潮菜大师的几本书稿，加上我是年近古稀的资深吃货一枚，经过60多年吃潮菜的“浸入式”实践和近十年来有一搭没一搭的“碎片化”思考，也终于对潮菜有了一定的心得体会。我曾经写过若干篇关于潮菜美食的小文章，如《在老汕头的转角遇见美食》《季节的味道》等，但要像上面提到的各位大师一样系统性地写成著作，我还没有这个能耐和胆量。现在，我就把这些“碎片化”的读书心得和美食体会先写出来，希望对大家阅读《中华料理·潮菜文化丛书》有帮助，就像吃正餐之前先吃个开胃小菜吧。

潮菜为外人所称道的特点之一是味道之清淡鲜美，讲究个“原汁原味”，我这里小结为“不鲜不食”。

味道的鲜美主要靠的是食材的生猛。潮汕人靠海吃海，潮汕是个滨海地区，海岸线长，盛产海产品。品种多样的海鲜，是潮汕滨海居民最原始的食材。南澳岛上的考古发现，8000多年前的新石器时代早期，属于南岛语系的土著居民就已经懂得打磨细小石器来刮、撬牡蛎等贝壳类水产品了。6000—3000年前新石器时代中晚期的贝丘遗址，土著居民吃过的贝壳类海产的壳已经堆积成丘，成为“贝丘遗址”了。等到韩愈在唐代元和十四年（819年）因谏迎佛骨被贬南下任潮州刺史，写下《初南食贻元十八协律》诗，把第一次吃离奇古怪、丑陋可怕的海产品时吃出一身冷汗的深刻印象描写给了一位叫“元十八”的朋友，已经是年代很晚的时候了，而且食材已经是经过烹饪，且懂得用配料相佐了：“我来御魑魅，自宜味南烹。调以咸与酸，芼以椒与橙。”

当然，我们不应该把粤东滨海地区土著居民的渔猎生活和食材当成潮菜的源流，但是，潮汕人吃海鲜至今还是保留近于“茹毛饮血”式的原汁原味，现如今闻名遐迩的“潮汕毒药”——生腌海鲜（螃蟹、虾、虾蛄），其味道鲜美至极，非一般烹饪过的海鲜所能比匹。“毒药”之戏称，意思是指像鸦片等一样，一吃就会上瘾。用开水烫一烫就装碟上桌、半生不熟、鲜血淋漓的血蚶，外地人掰开一看，大多数会像韩文公一样望而生畏，硬着头皮试一只，肯定是“咀吞面汗骍”；而潮汕人春节年夜饭的菜单上，这血蚶是必列的菜肴。蚶的壳儿潮语叫

“蚶壳钱”，保留了史前时代以“贝”为币的古老习俗。吃了蚶，既补血，又有“钱”了，多好！

鱼饭也是一种原生态的“野蛮”吃法，巴鳞、鲇鱼等海鲜就在出海捕捞的渔船上，用铁锅和水一煮，在船板上晾一晾就吃，一起煮的可能还有同一网打起来的虾和蟹，多种味道释放、汇合，其味更佳。上水即吃，原汁原味，此味只应海上有。现在高档酒家里的冻红蟹，一只好几百元，甚至上千元，即源于这种原始的食法。有些地方，也仿效“鱼饭”之名，称作“蟹饭”“虾饭”等。

潮菜“不鲜不食”的特点，建立在与天时地利的自然融合上，其秘诀一是“非时不食”，一是“非地不食”。

所谓的“非时不食”，讲究的是食材的“当时”（当令）。潮菜食材讲究天时之美，也就是食材的季节性，我把它叫作“季节的味道”。这季节的味道，首先体现在食材选择的节令要求上，简单说就是“当时”（当令）或者“合时序（su^2）”，无论是海鲜还是蔬菜。

民间流传有潮语《十二月鱼名歌》（《南澳鱼名歌》），说明了海鲜在哪一个月吃最鲜美。歌谣云：

正月带鱼来看灯，二月春只假金龙，
三月黄只遍身肉，四月巴浪身无鳞，
五月好鱼马鲛鲳，六月沙尖上战场，
七月赤鬃穿红袄，八月红鱼作新娘，
九月赤蟹一肚膏，十月冬蛴脚无毛，
十一月墨斗放烟幕，十二月龙虾擎战刀。

你可以从这首歌谣中知道农历哪个月吃哪种鱼最当令。此外还有“寒乌热鲈”（冬吃鲻鱼，夏吃鲈鱼）、“六月鲫鱼存支刺”（言六月的鲫鱼不肥美，不好吃）、“六月乌鱼存个嘴，苦瓜上市鰳鱼肥”“六月薄壳——假大头”“六月薄壳米，食了唔甘漱齿（刷牙）”“夜昏东，眠起北，赤鬃鱼，鲜薄壳”“年夜尖头冬节乌”等谚语，说明了各种海产品“当时”（当令）的季节。

蔬菜、水果的时令就更加明显了：春夏之交吃竹笋，大夏天里是瓜果菱角，秋日里最香的是芋头，最甜的是林檎，冬春之交最有名的是潮汕特有的大（芥）菜和白萝卜。潮汕谚语云：“正月囝婿，二月韭菜”“清明食叶，端午食药”“（农历）三四（月）枇杷梅，五六（月）煠（sah[8]，煮）草粿”“三四桃李柰，七八油柑柿”“五月荔枝树尾红，六月蕹菜存个空（kang[1]）”（农历五月荔枝熟了，但通心菜却不当令）、“七月七，多哖（山捻子）乌，龙眼呲（水果成熟而壳儿裂开）”“九月蕹菜蕊，食赢鲜鸡腿”“霜降，橄榄落瓮”“立冬蔗，食枩病痛”等，也都与季节的味道有关，简直就是食材采食时间表。

所以啊，懂行的话，你到潮汕来追鲜寻味，来个美食之旅，就得结合你来的季节、时令来点海鲜和蔬菜瓜果，一定要避免点不对时令的鱼、菜。美食行家把这叫“不时不食”。现在的大棚菜，反季节、违时令的菜也能种出来，人工养殖的鱼也可以反季节饲养，但是味道就是没有自然生长、当令的那么好了。

对海产品食材“鲜”的要求，还跟潮汐有关。高档的潮菜酒楼采购海鲜食材会精确到“时”，讲究“就流”（lao[5]，劳）。

“就流”鱼就是刚好赶潮流捕回来的鱼，“骨灰级”的吃货是自己直接到码头等着买“就流”的海货回家，现买现做现吃。过去的海鲜小贩有“走鱼鲜”“走薄壳”的说法。“走”就是跑，从靠渔船的码头“退”（批发）到海鲜，赶快往市场跑，谁的海鲜先到达菜市场，谁的海鲜就能卖个好价钱，因为是最新鲜的嘛，潮汕人讲究的就是“就流”这口“鲜甜”！我在南澳岛后宅镇还目睹过夜晚八九点到凌晨一两点钟的“就流”海鲜夜市，一筐头一筐头的海鲜摆满了夜市，购买者人头攒动，各自选择自己爱吃的鱼、虾、蟹等，好不热闹，听说这里面还不缺从汕头市区专车赶来的高级别吃货。

其实，对植物、动物类的食材也有这种“时”的讲究，例如挖竹笋要讲究在露水未开之前，而食用则是最好不要过夜（即使放进冰箱也不行）；新鲜的玉米也是当天“拗”（ɑ²，折断），当天吃，过夜不食。而火遍全国的潮汕牛肉火锅的牛肉，是在N小时内配送到店，有喜欢显摆的食客还拍到牛肉在“颤抖”的视频。所以，不少牛肉火锅店就开在离屠宰场不远的地方，讲究的就是尽量缩短牛肉配送的路程，以保持牛肉的鲜活度。

所谓的“非地不食”，讲究的是食材的原产地，我把它叫作“地理的味道”，或曰“家乡的味道”，这是指潮菜食材的地域性。潮汕各地山川形胜有所不同，民俗也有一些差异，此所谓“十里不同风，百里不同俗”。就是小吃，也是各有特色，潮州的鸭母捻、春卷、腐乳饼，揭阳的乒乓粿、笋粿，惠来的靖海豆精、隆江猪脚，普宁的炸豆干、豆瓣酱，潮安凤凰山的栀粽、鸡肠粉（畲鹅粉），澄海的猪头粽、双拼粽球、卤鹅，汕头的西天巷蚝烙、老妈宫粽球（粽子）、新兴街炒糕粿、老潮兴粿品、百年银屏蚝烙……说不完，尝不尽。而考究的潮菜馆，对食材的要求也必须有空间感及品牌意识：卤鹅一定要澄海的，豆瓣酱要普宁的，芥蓝菜要潮州府城的，大芥菜（包括其腌制品“咸菜”）要澄海的，炸豆腐要普宁或者潮安凤凰山的，紫菜要南澳、澄海莱芜、饶平三百门的，鱿鱼要南澳的（宅鱿）……潮汕人吃海鲜，时间上讲究“就流”，而在空间上，讲究的是“本港”，就是本地出产的。在南澳岛，我曾经去市场买菜，才知道“本港鱿”和“白饶仔”（一种白色的牙签大小的小鱼儿）的价格是外地同类海产品的两倍以上，想买都不一定买得到，因为季节不对就断货了，市面上卖的都是外地来的。

潮人对食材出产地理的重视意识起源较早，而且基本达成共识，民间把它编成了“潮汕特产歌”来传唱。下面摘录一段，与大家分享。这类歌谣，各地版本都有所不同，大致唱自己家乡的，都会多编一些，谁不说俺家乡好呢！

揭阳出名芳豉油，南澳出名本港鱿；
凤湖出名青橄榄，南澳出名甜石榴；
南澳出名老冬蛴，地都出名大赤蟹；
葵潭出名大菠萝，澄海出名好卤鹅；
海门出名大红螺，月浦出名狮头鹅；
海山出名大虾插，溪口出名甜杨桃；
邹堂出名青皮梨，石狗坑出乌梨畔；
府城出名鸭母捻，梅林出名大红柿；
下湖出名好荔枝，达濠出名鲜鱼丸；
樟林出名大林檎，隆都出名甜米粢；
凤凰出名单丛茶，内陇出名酥杨梅；
石马出名石马柰，东湖出名大西瓜；
……

潮菜的第二个特点是精心烹饪。文学家者流喜欢夸张地说潮菜烹饪大师们善于“化腐朽为神奇”。说“腐朽”过头了，说“普通”或者“一般”比较接近事实。潮菜的食材除了高档的燕窝、鱼翅、鲍鱼、海螺、海参、鱼胶、大龙虾等之外，其他菜品的食材多数是来自普通的海鲜、禽畜和蔬果。再简单不过的食材，也能花样翻新，做出色香味俱佳的菜肴来。我曾经在中央电视台的美食比赛节目里看到过，一位参加比赛的澄海大哥，获奖的一道汤叫“龙舌凤尾汤”。名称可是令人遐想顿生的、上得了厅堂的雅致；食材呢，不过就是几条剥壳留尾的明虾，加上几片切得薄薄的、椭圆形的、口感爽脆的菜脯（萝卜干）而已，成本也就在比赛规则限制的30元之内。看这个节目的时候，我就想起来著名文学家梁实秋先生写的跟随澄海籍的著名学者黄际遇教授在青岛大学（山东大学前身）吃潮菜时也谈到了的吃虾的情节。

黄际遇先生是个数学家，曾经留学日本、美国，也是一位国学根底深厚的学者，可以在中文系开讲“古典诗词和骈文”，在历史系开讲“魏晋南北朝史”。他也是个美食家，饮食考究，在青岛教书时还专门“从潮州（澄海）带来厨役一名专理他的膳食”。梁实秋跟着吃了，赞不绝口：“一道一道的海味都鲜美异常，其中有一碗白水氽虾，十来只明虾去头去壳留尾巴，滚水中一烫，经适当的火候上锅，肉是白的尾是红的。蘸酱油食之，脆嫩无比。”后来梁实秋到了台湾，想起要吃这道菜，就叫家里的厨子做了，就是没吃出青岛时的味道来。我想，有可能是虾选得不够新鲜、不是“就流”的，要不就是火候掌握不好，也许是煮老了。哈哈！

潮菜的“化普通为神奇”，其实源于千家万户的“主中馈”者（家庭主妇们）自觉不自觉的创新和创造。米谷主粮不够吃的年份，番薯几乎成了主食。主妇们愣是用多种烹饪方法，轮流使用，把番薯也做得香甜可口，久吃不厌。整个“熻（hib[4]，焖煮）”着吃，烤（煨）着吃，切片“搭”（贴在铁锅上）着吃，加米煮（番薯粥）着吃。如果家里有糖的话，糕烧或者做反砂薯块吃，那可是顶流吃法了，现在这两样都成了餐馆里顾客爱吃的最后甜点了。番薯还可以搓成丝儿煮粥，磨成泥提炼淀粉然后做蚝烙（牡蛎煎），做成小小的丸子可以煮糖水，家里有谁感冒发烧之后肠胃不好就煮着吃；还能做成番薯粉丝，我老家农村里叫“方（bang[1]）签”，逢节日时才煮来吃的，如果有鸡蛋、白菜，甚至五花肉、爆猪皮，那就是无论男女老少、人见人爱的佳肴了，类似于东北人都爱吃的东北菜——“乱炖”吧！至于驰名大江南北的“护国菜羹”，不过就是红薯叶泥和高汤做的一碗羹。当然了，给它配上一个精彩的历史故事使它有了文化内涵也很重要。

我们还可以举煮粥的例子，大米全国哪里没有？谁家没有？但是把煮粥做成餐饮行业的一个可以单独开店、营业额比一般菜馆还多的门类，也就只有潮汕人能煮得出来了。我在西北的敦煌、东北的哈尔滨，居然都能吃到潮汕砂锅粥，真是服了在那里开店的老乡们了！

潮汕话把粥叫作“糜”（muê⁵）。糜的种类很多，除了白糜之外，有各种各样的“芳糜”：猪肉糜、膀粕糜、鱼糜、蟹糜、虾糜……鱼糜则还有“横鱼（豆腐鱼、九肚鱼）糜”“鱿鱼糜”“鲳鱼糜”“草鱼糜”等；还有素食类的秫（zug⁸）米糜、小米糜、大麦糜、番薯糜等。

“煮白糜”听起来好像最简单，但要煮好一锅让潮汕人认可的“糜”着实很不容易，首先是煮粥的米和水大有讲究，最好是东北的珍珠米和矿泉水；二是煮的方法上的门道，这锅“糜”里的米粒必须“外软里硬、米汤黏稠而米心有核

儿”；三是“糜”从煮熟到开吃的时间也要讲究，要“唔迟唔早啱啱好”（不迟不早刚刚好）。我常在外出差，不管是汽车站、高铁站，还是机场，离家的车程大约都在半个小时至一个小时之间，上了出租车就给守家的太太打个电话报平安：“我回来啦！”其实是给她递个信号：“请淘米下锅，煮糜啦！”太太习惯了我的这种“委婉语”，砂锅白糜大概20分钟煮好，让它“洰（ge²）”10分钟正好吃：一是温度适口、不烫不凉；二是稠度适中、有饮（am²）而黏。我往往是行李箱一放下，连手都来不及洗，就美美地享受起“一日不见，如隔三秋”的永远的初恋——白糜。

我曾经听东海酒家钟大师成泉兄介绍过他如何花样翻新、将普通的“檨鱼”（doin⁶ he⁵，澄海叫“蛇鱼”，广州叫“九肚鱼”，江浙叫“豆腐鱼”，学名“龙头鱼”）除了做成“檨鱼咸菜汤”“檨鱼糜”“炸檨鱼”“檨鱼煲”之外，还把它烹制成蒜香檨鱼、铁板烧檨鱼、椒盐檨鱼、菠萝檨鱼、檨鱼丝瓜烙、檨鱼煮咸面线/粉丝/粿条……用成泉兄的话说，就是“你的用心，让豆腐鱼也翻身”。檨鱼本来是比较便宜的家常菜食材，成泉兄却能够用心研究，把它烹调成为席上美味佳肴。“用心”是关键词，道出了潮菜的另外一个突出特点——精心烹饪。

其实做什么事都是一个样：喜欢了，才会对其“用心”；“用心”了，才会有所发现、有所创造。这是一个带有哲学性的普世规律，不仅仅适用于饮食行业。

至于潮菜酒店里的高档潮菜，不但食材昂贵，烹饪技法高超，而且是各家名店“八仙过海，各显神通”，各有擅长，普通家庭是做不来的。几乎每一位潮菜大师都有自己的独家绝活和看家名菜。我就曾经听好几位香港朋友说，到汕头来，就要去吃东海酒家的“烧鳡螺”，那可是钟大师成泉兄的拿手绝活。而纪大师瑞喜兄最拿手的应该是鱼胶的制作与烹饪，林大师大川兄则是以制作和烹饪大鲍鱼驰名。

其实，潮菜本来是千家万户潮汕人的家常菜。天天做潮菜、吃潮菜是潮汕人的一种日常生活方式，本地人幸福感爆棚，外地人羡慕不已。但也有一个毛病，就是潮汕人到外地去，总觉得吃不好：不是嫌口味太重了，就是怪食材不新鲜，或者烹饪不得法。潮汕本地的潮菜馆里有点小贵、北上广深港等大城市酒楼里价格颇高的潮菜，是潮菜的另外一种面目——高档潮菜。其食材高档且经精挑细选，汇集各地应时食材，并经名厨大师主理烹饪；高档的潮菜馆通常也都装修雅致、服务周到。这是商业型的潮菜，价格高也是物有所值。

这套丛书第一批共有5本，其中三本——钟成泉的《潮菜名厨》、纪瑞喜的《潮菜名菜》、林大川的《潮菜名店》是三位大师的经验之作，我估计他们是分工合作，分别从厨师、菜式和菜馆三个方面对潮菜的总体面目做个介绍，给读者一个比较全面的印象。

《潮菜名厨》的作者是钟成泉大师。钟大师是1971年汕头市首期厨师培训班的学员，从著名的厨师，到自己创业，半个世纪过去，这中间他换了很多单位，也经过了很多名师名厨的指点，也与自己的师友多有交流，可谓经历丰富，转益多师。在这本《潮菜名厨》里，有他的培训班的老师，也有培训班的同学，还有他工作过的各家餐室、酒家的潮菜师傅：罗荣元、陈子欣、蔡和若、李锦孝、柯裕镇、林木坤等。他写的不仅仅是潮菜名师，其实也是半部潮菜发展史。钟大师大著的特点是资料很珍贵，文字很“成泉”，别的人写不出来。我见过他的初稿，那是他一笔一画写在手机上的，真的是“第一手”资料！

《潮菜名菜》的作者是本套丛书的主编纪大师瑞喜兄。1983年，高中毕业的纪瑞喜到汕头技工学校厨师班学习烹饪技艺，后来到当时很著名的国际大酒店工作，一边工作一边偷师学习潮菜烹饪和酒店管理。后来，他辞职出来与朋友合伙办饭店。1994年，他创办了自己的建业酒家。在汕头，龙湖沟畔的建业酒家几乎无人不知。纪大师瑞喜兄爱思考，爱琢磨，对40年来的潮菜烹饪和30年来建业酒家的经营管理有一套成熟的经验。这本《潮菜名菜》介绍的就是他自己琢磨出来的几十个名菜。如果您家庭生活费已经实现开销自由，可以到潮菜酒家照书点菜，尝一尝、品一品；如果生活费还需加严格管控，也可以把这书当菜谱，回家依样画葫芦，自个儿买来食材，学习做菜。

《潮菜名店》的作者是林大师大川兄，他是“岭东潮菜文化研究院”的院长。大川兄经营酒家几十年了，年轻时从家乡澄海学厨艺、当厨师、办酒家开始，后来去了泰国普吉岛等地办潮菜馆。他走遍中国港澳地区和东南亚各国，见识了世界各国、各地的潮菜（中国菜）馆。最后又回到了原点——汕头来经营潮菜酒家。他一边经营着酒店，一边整理记录着往日见过的那些有特色的各国、各地的潮菜酒家，就成为现在这本《潮菜名店》了。有机会的话，读者可以按图索骥，去这些酒家尝一尝，看看大川兄所记录的是否属实。当然，相信有些好菜馆大川兄可能还未及亲自去品尝、考察过，遗珠之憾，一定会有，有待大川兄今后进一步补遗拾缺。

《工夫茶》的作者张大师燕忠兄是汕头市潮汕工夫茶研究所所长，2010年从华南农业大学茶学专业硕士毕业后，就一直从事工夫茶的经营和研究工作，至今也10多年了，是工夫茶界的后起之秀。由他来写《工夫茶》一书，是最合适的了。为什么潮菜从书里会有一本工夫茶的书呢？这就要从潮菜与工夫茶的关系谈起了。潮汕人“食桌”（吃宴席），上桌前先喝足工夫茶，可以看作是“开胃茶”；席间还得穿插上两三道工夫茶，是为了解腻助餐；酒足饭饱之后，还要再换上一泡新茶叶，喝上三巡再撤，是为消饫保健。所以，中档以上的潮州菜馆，每一间包厢里都布置了工夫茶座。

《潮菜文艺》的作者是杜奋。小杜是中文系硕士，长于网络搜索技术及文字书写。从韩愈的《初南食贻元十八协律》算起，跟潮菜有关系的诗文、书画如韩江里的鱼虾，很多很多。文艺范的食客吃了潮菜，赞不绝口，大都会留下诗文或书画，一抒胸臆。把这些诗文、书画“淘”出来，并不容易，幸亏小杜的网络技术了得，才使这些赋予潮菜文化品位的宝贝得以集中起来，与读者见面。读者可以一边品赏潮菜，一边翻阅这本书，看看名家是如何品评潮菜的，与你的“食后感”是否一样。

潮菜，是我一辈子的挚爱！美食家蔡澜用潮语“扶舌”俩字赞美潮菜，是说潮菜被人“呵啰（夸奖）到扶舌”，是啧啧称赞的意思。我也是一样，说起潮菜来，便喋喋不休，一不小心就写了七八千字。我自己还曾经受邀担任过一套潮菜全书的编委会主任，想为潮菜文化做点事，但由于协调能力有限、力不从心，遂致半途而废。现在的这套潮菜从书的编委会主任李总裁闻海兄才高八斗，且人脉广泛、江湖地位高，其尺八一吹，应者云集。从书作者们在他的领导和敦促下，日以继夜，终于成稿。自己未尽的心愿，终于有人完成，我当然乐见其成。遂作此文，以为祝贺！

是为序。

甲辰酷暑于花城南村

目录

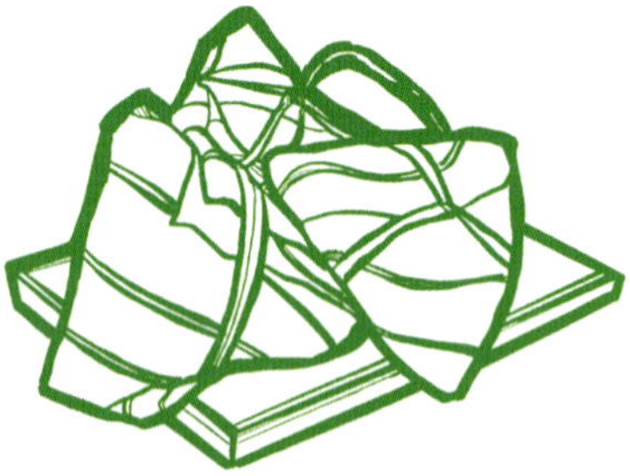

序

潮汕俗语说，“文人武肚”。词人骚客，一个个看起来文质彬彬，却大多有饕餮之癖，遇见好酒好菜，不免食指大动，肚皮放开。吃完之后，弄文舞墨的“积习”也勃然兴，又不免把自己的饱足与满意，用文字发泄一番。于是，饮食与文学搭上了关系。逯耀东先生在《饮食与文学》文中就说：“许多的饮食资料，隐藏在文学作品之中，待我们探索，待我们发掘。”

杜奋的《潮菜文艺》发掘出非常丰富的描写潮汕饮食和潮州菜的文学资料：文人创作的，有诗词、小说、散文，还有可以归入非虚构写作类的故事；源于民间吟唱传统的，又有民歌、谣谚和口述故事。

把这些资料按着年代粗略排列了一下，也甚趣味。口耳相传、难计年月的民间歌谣，吟唱的只是食材，像书中所载的两首鱼名歌。正是这些本地土产的食材，构筑了潮菜地方风味的基础。文人的诗文创作开始讲烹调。追溯岁月，年代越早的，烹调方法越简单。11世纪，彭延年《浦口庄舍》诗写饮食，只是本地食材的简易料理。吴复古教苏东坡煨芋，也只用了很原始的烹调手段。远古人类从晓得取火熟食之后，大约也就能利用炭火余烬加工食物。当然，那时没纸，食材只能用烂泥之类包裹，再搁炭火里煨。吴复古用湿纸裹芋，用牛粪火煨熟，方法唐释明瓒用过，却不算真正的复古，还比不上兴福寺那位乞丐，只包着泥巴煨烤叫花鸡。到12世纪后期，潮州的厨艺已经大有长进，特别是海错的烹调。南宋淳熙八年（1181年）杨万里带兵从潮州班师回省城，取道潮阳过海丰，在今天的惠来沿海，饱尝地方风味美食，留下一组诗歌。其中不乏当年厨师烹调技艺的记录，如本书选载的《食车螯》《食蛤蜊米脯羹》，还有《食银鱼干》《食蛎房》等。杜奋对前两首诗做了阐释，讲古今潮菜的传承，恰到好处。自此而下，历代文人们都给我们留下了潮菜烹调技艺的记述。改革开放以后，经济好了，这一类诗文尤多。像杨方笙老师一组《清平乐·潮菜

《大潮汕》汕头剪纸 120×120cm 陈传生

中国工艺美术文化创意奖 金奖

广东民间工艺博物馆（陈家祠，国家一级博物馆）收藏八题》词，讲了烹调技艺，也讲潮菜筵席的菜品配搭。

杜奋这本书告诉我们，比较起来，今天的文学作品中，隐藏的饮食资料，要比古人多得多。

《潮菜文艺》还把对潮菜烹调的探索和发掘范围，扩大到文学之外的其他艺术门类：绘画、音乐、舞蹈，乃至民艺等等。它让我们更加亲切地体会到潮菜与潮汕人的文艺生活，是如何交融在一起。

搜罗如此丰富的有关潮菜与文艺的资料，并不易。杜奋在后记里已经备述了这本书编写过程的艰辛。是他的劳作，让我们能够很方便地捉摸到潮菜与文艺的关系。这是我们需要致敬杜奋的理由。

黄挺序于怀海室

2024年2月

前言

潮菜文艺

潮州广济桥，俗称湘子桥（照片来源于《广东江河韩江卷》）

有潮水的地方，就有潮人；有潮人的地方，就有潮菜。

潮菜，原称潮州菜，也叫潮汕菜。潮菜的形成和发展可谓源远流长。关于潮菜的起源，有“唐代说”，也有“宋代说”，还有溯源到唐代以前的，众说纷纭。关于这个问题，2022年春节刚过，我们驱车前往位于汕头市长平路的东海酒家，拜访钟成泉大师。我们一边喝茶一边聊潮菜，钟老板回忆起一位值得很多厨师尊敬的文人——陈子欣先生。陈子欣先生是汕头澄海人，原来的汕头市饮食服务总公司职员。1972年的时候，他已经50多岁了。文人的性格，优雅的风度，还有比较温存的澄海口音。大家喜欢听他谈潮菜的发源，讲美丽的故事——

唐朝时期，韩愈被贬潮州。他来潮州也带着众随从，特别是他的家厨。正所谓：出港随风，入港随俗。家厨根据韩愈在京城的生活习惯和饮食爱好，把烹饪技艺融入潮州物产食材做法之中。无形之中京城饮食文化与地方饮食得到一定的整合。经过历代厨师和文人的不断磨合，不断改进，不断创新，不断发展，逐渐演变和总结，形成了今天独具特色的潮菜饮食文化。

黄挺老师在《潮汕文化源流》书中谈及潮州菜的形成时指出：中国菜的不同流派，就是在趋同与存异的辩证发展过程中形成的，潮州菜亦不例外。因此，在潮菜的追根溯源中，潮菜作为粤菜的主要代表，在“趋同”中华民族饮食文化的同时，又“存异”着潮菜美食特色的海鲜和野味的久远历史，逐渐形成具有自己独立特色的子系统，融入了中国菜的大系统之中。唐代韩愈的南食诗和刘恂的《岭表录异》都有这类记载。“从生食到熟食，而文化演进的轨迹现”。韩愈贬谪来潮，一首《初南食贻元十八协律》诗，成为讨论潮菜起源的重要依据。

如果说潮菜起源于唐代，韩愈一首《初南食贻元十八协律》诗，是潮菜文化走上发展的开端的话，那么，从宋末元初到“康乾盛世”，从汕头开埠到汕头建市，从改革开放到迈进了新的世纪，潮菜是在承上启下、继往开来的历史长河中，不断涌现出迭起的发展高潮，形成立足潮汕、辐射全国、走向世界的独具特色魅力的菜系。

潮菜，植根于潮汕大地，汲取着潮汕本土特色文化和中华民族先进文化的营养，弘扬“勤劳、勇敢、智慧、诚信”的精神，在这片美丽富饶的三江大地上生根、发芽、成长、开花、结果。

潮汕平原，依山傍海，土地肥沃，物产丰饶，是岭南的鱼米之乡。潮汕考古表明：南澳的象山文化历史有8000多年，潮州陈桥文化历史有6000多年、普宁虎头山文化历史有4000多年、饶平浮滨文化历史有3000多年、澄海龟山文化历史有2000多年、潮阳峡山文化历史有1000多年等。韩愈治潮之后，潮汕大地，山水姓韩。韩山麓、韩江畔，始于北宋元祐五年（1090年）的韩山书院传承到今日的韩山师范学院，勤教力学，为人师表，传承中华优秀传统文化和潮汕特色文化；韩江中架起了梭船浮桥，交通往来，繁荣经济。

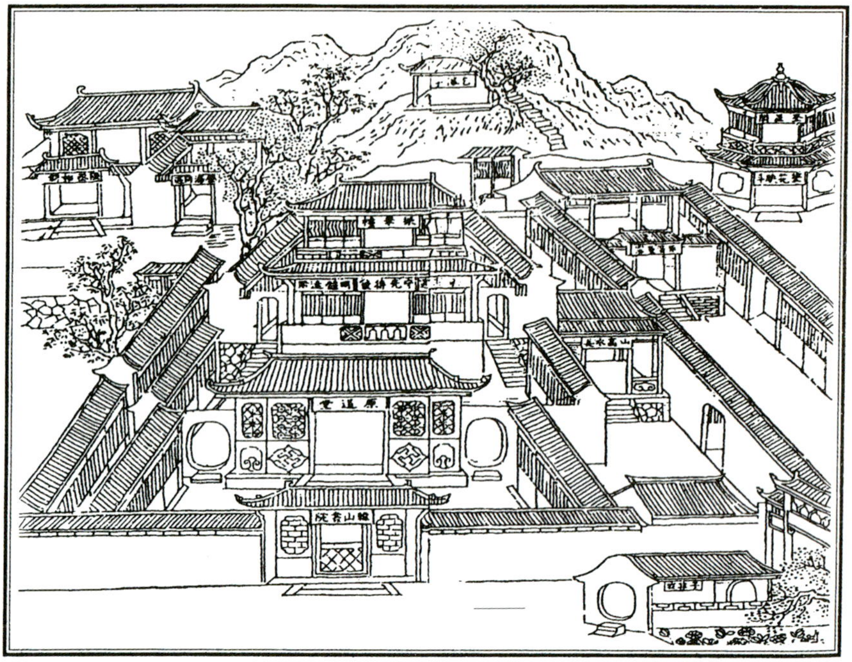

1
—
2

1. 雍正年间的韩山书院图（原图出自雍正《海阳县志》）

2. 韩山师范学院（原图来自韩山师范学院校网）

在古代，潮菜出现了宋末元初的发展高潮和“康乾盛世”的鼎盛时期。在近代，1860年汕头开埠之后，迅速带来了“百载商埠，楼船万国”的繁荣景象。潮菜也从原来植根于民间，进而出现乡村游厨“做桌”，逐渐发展成为“登堂入室”的楼馆经营，并涌现了潮州意溪“厨师村”，潮州龙湖古寨的“潮菜食街”，更有汕头小公园的永平、陶芳和中原等一批享誉海内外的著名酒楼。在现代，改革开放促进经济、社会和文化的迅速发展，又一批名扬中外的潮菜酒楼矗立于汕头的金砂路上：鮀岛宾馆、国际大酒店、君华大酒店、龙湖宾馆、金海湾大酒店和帝豪酒店。

潮菜，跟随潮商足迹，南来北往，辐射全国。据史料记载，潮汕商帮形成于唐朝后期，兴盛于宋元明清。据《可爱的南京丛书：南京商贸史话》（后文洙，崔书玖编著. 南京商贸史话. 南京：南京出版社, 1999.05.）

苏州“潮州会馆”（照片来自苏州市潮汕商会）

记载："金陵五方杂处，会馆之设，甲于他省……"明嘉靖年间，广东商人创建了潮州会馆，这是早期在南京出现的会馆。清康熙二十一年（1682年），潮商就在苏州建"潮州会馆"。汕头港口，商贸活跃，1858年恩格斯于《俄国在远东的成功》中指出，汕头是远东唯一有一点商业意义的口岸。1860年，汕头港成为中国最早对外开放的港口之一。至20世纪30年代，汕头港吞吐量居全国第三位，商业之盛居全国第七位。有潮水的地方就有潮商，有潮商的地方就有潮菜。潮商足迹更是遍布全国各地，据不完全统计，至2022年在国内的潮商会及相关组织机构已超过100个，分布于全国各省市和自治区。潮商集勤劳智慧、敢为人先、诚实守信于一身，把潮汕文化和潮菜美食融入商贸交往和文化交流之中，大河上下，大江南北，涌现了一个又一个的潮菜酒楼和餐馆：北京的御园，上海的潮府馆，广州的金成酒楼和海门鱼仔店，深圳的嘉宁娜和潮江春等。

潮菜，乘坐"红头船"，漂洋过海，走向世界。清雍正元年（1723年）七月雍正皇帝下令"着将出海民船按次编号船头桅杆油饰标记"，将海船纳入统一管理之中。广东在南方，南方属火，用色为红，所以广东出海民船一律船头油以红色。因而雍正以后的清代潮州海船均用白粉油腹、朱砂油头，称为红头船。澄海樟林古港是"红头船"的始发港口，并与福建漳州的月港和泉州的刺桐港并称为中国海上丝绸之路的三大始发港。潮汕人坐着"红头船"扬帆远征，据不完全统计，目前海外潮商会及相关组织机构超过100个，华侨华人达到6000万人。其中潮人约占1/3，分布于五大洲100多个国家和地区。据了解，目前在泰国的潮人已经超过1000万人，华文学校更是成百上千。潮人在海外推动潮菜传播发展。潮菜在泰国的历史也在100年之上，仅泰国曼谷的潮菜酒楼食肆，就满"潮"玲珑，比比皆是。特别是曼谷的唐人街——耀华叻，在1公里多的"潮"文化街

1
—
2

1. 樟林古港

2. 樟林古港的红头船模型

道上，潮式建筑，潮人习俗，潮州方言，潮菜味道，汇成一道亮丽风景线！“大华酒店”的清炖鱼翅，“中国皇宫”的鲽脯芥蓝，“新光明”的白果芋泥，“家宴”的炒薄壳，“香格里拉”的大龙虾生，还有名扬世界的泰国名菜“酸辣汤”的美丽故事。从食材到配料，从腌制到调料，从摆盘到上菜，潮型、潮色、潮味和潮菜故事贯穿其中，使人仿如置身于潮汕家园之中。

潮菜文艺，这个题目萦绕在我心头许久，一直冥思苦想不得破题之要领。今天，我又在潮菜相关的资料中遨游，无意中看到林自然大师说的一句话，厨艺不是一种技巧，而是艺术；美食不是单纯的食物，而是艺术品。他说，音乐家要辨音、画家要辨色，而厨师，就一定要辨味。

音乐需要辨音，美术需要辨色，美食自然需要辨味。优秀的音乐作品因其旋律打动人心而广为传唱，优秀的美术作品因其色彩夺目而深入人心，优秀的潮菜美食因其脍炙人口而广为流传。而将潮菜美食作为创作主题的文艺作品，岂不是让人可以享受或听觉或视觉或味觉的多重盛宴？当然，更重要的是基于这些潮菜美食创作出来的众多文艺作品，不仅记录和传播潮菜文化，而且给人陶冶情操，调节心灵，升华心境，提升了潮菜的文化品位。

本书就潮菜文艺这一范畴，将其分为两篇：上篇文学篇、下篇艺术篇。

上篇

文学篇

汕头“一湾两岸”

在北回归线与太平洋西岸的交汇处，镶嵌着一颗闪闪发光的滨海明珠——汕头。汕头是中国第一批四个经济特区之一，是广东省域副中心城市，也是粤东地区的中心城市。韩江，跨越广东省的河源市、汕尾市、梅州市、潮州市和汕头市；江西省的寻乌县（赣州市）；福建省的龙岩市、三明市、漳州市共三省九市，流域面积30112平方公里。韩江是潮汕的母亲河，韩江三角洲与榕江平原和练江平原并称为潮汕平原。潮汕平原，靠山面海，土地肥沃，物产丰富，潮人在这片土地上，用自己的聪明智慧和勤劳双手，描绘出一幅幅美丽动人的画卷。

大埔县“三河坝”

翻开潮汕的历史，我们看到了：炎黄蚩尤逐鹿中原之时，汕头还是一片汪洋大海，潮汕平原还有一半在茫茫的大海之中。春秋战国时期，百家争鸣，人才辈出，我们居住的家园——潮汕平原，也已经基本形成。秦汉时期，潮汕地区建置了南海郡揭阳县。到了隋唐年代，设置了潮州，进而发展为“潮州八邑”。古代中原先进的生产技术和先进的文化，引导着潮汕先民改变原始的“南蛮”生活方式，并从“耕三渔七”逐步走向了“男耕女织，精耕细作”的新生活。

潮汕历史文化源远流长，从秦汉开始，就受到了中原先进文化的熏陶，特别是从《诗经》到楚辞汉赋，从唐诗宋词到元明清的戏曲和小说，潮汕特色的历史文化受到了影响。在潮汕文化的“百花园”中，潮菜文学是一朵奇葩，她绚丽多姿、争奇斗艳、桂馥兰香。自古至今，出现了一系列具有代表性的潮菜文学形式作品：唐代韩愈的《初南食贻元十八协律》诗、宋代苏轼的《除夕访子野食烧芋戏作》诗、老舍先生的《赠汕头工艺美术陈列馆》诗、张华云的《潮汕竹枝百唱》、杨方笙的《清平乐·潮菜八题》组词、秦牧的《敝乡茶事甲天下》散文、陈景熙和林伦伦的《黄际遇青岛潮菜美食故事》、郑永健的《美食名人故事五则》、王敏的《潮汕特产歌》、鄞镇凯的《潮菜谜语》专题等等。

第一章 诗词

诗

韩愈的诗：潮菜的源

韩愈（768—824），字退之，河内河阳（今河南孟州市）人。自谓郡望昌黎，世称韩昌黎。唐朝著名文学家，古文运动的倡导者，名列“唐宋八大家”之首，有“文章巨公”和“百代文宗”之名。韩愈与柳宗元并称“韩柳”，与欧阳修并称为“韩欧”，与柳宗元、欧阳修和苏轼并称“千古文章四大家”。他的作品广袤深厚，并长于议论和讽刺。韩愈被尊为“文章魁首”，在古代文化史上占据了重要地位。

韩愈的诗与潮菜的联系，表现在文化传承和民族风情两个方面。韩愈的诗大都富含深邃的文化内涵和广泛的生活观照，这种对于美的追求和对于真实的反映，在韩愈的诗中展示了唐代风土人情和民俗习惯。

潮州笔架山的韩文公祠

初南食贻元十八协律

唐·韩愈

鲎①实如惠文，骨眼相负行。
蠔相黏为山②，百十各自生。
蒲鱼③尾如蛇，口眼不相营④。
蛤即是虾蟆⑤，同实浪异名。
章举⑥马甲柱⑦，斗以怪自呈。
其馀数十种，莫不可叹惊。
我来御魑魅，自宜味南烹。
调以咸与酸，芼⑧以椒⑨与橙⑩。
腥臊始发越，咀吞面汗骍。
惟蛇旧所识，实惮口眼狞。
开笼听其去，郁屈尚不平。
卖尔非我罪，不屠岂非情。
不祈灵珠报，幸无嫌怨并。
聊歌以记之，又以告同行。

---

①鲎：上如惠文冠下如蟹的贝壳动物，十二足，雌负雄而行。
②蠔：牡蛎，牡蛎附石而生，数十数百地聚积在一起，有的高至丈余，形同山石，俗称蠔山。
③蒲鱼：魶鱼。
④营：一作荣。
⑤虾蟆：《本草注》载，青蛙、蛙蛤、长脚嫂子，皆虾蟆之类。
⑥章举有八脚，身上有肉如臼，亦曰章鱼。
⑦马甲柱：江瑶柱，马甲柱也是贝类，壳大而薄，前尖后广，肉味鲜美。
⑧芼：用菜调羹。
⑨椒：花椒，做菜的一种佐料。
⑩橙：橙子，水果名，宋林洪《山家清供·蟹酿橙》载，用黄熟大橙，截顶剜瓤，留少量液汁，以蟹肉置其中，用酒醋水蒸熟，拌以醋盐，味香而鲜，使人有新酒菊花、香橙螃蟹之兴。

1. 鲎
2. 蒲鱼
3. 章举（章鱼）
4. 虾蟆（水鸡）
5. 蠔
6. 马甲柱（干贝）

韩愈诗中列举出了鲎、蠔、蒲鱼、蛤、章举、马甲柱、蛇等潮州府的物产，其中除了蛇是他之前见闻过的之外，其余的物产均未有所闻。诗中指出当时南方滨海物产的独特之处和韩愈体验南方滨海之地的饮食习俗，调以咸与酸，芼以椒与橙。以咸味和酸味调制，放入花椒和黄橙当佐料进行烹调。

我们可以想象，韩愈初到潮州，潮州府为他接风洗尘，准备了本地特色菜肴招待了他。于是，便有了《初南食贻元十八协律》这首诗作。

答柳柳州[1]食虾蟆[2]

唐·韩愈

虾蟆虽水居，水特变形貌。
强号为蛙哈，于实无所校。
虽然两股长，其奈脊皴皰。
跳踯虽云高，意不离泞淖。
鸣声相呼和，无理只取闹。
周公所不堪，洒灰垂典教。
我弃愁海滨，恒愿眠不觉。
叵堪朋类多，沸耳作惊爆。
端能败笙磬，仍工乱学校。
虽蒙勾践礼，竟不闻报效。
大战元鼎年，孰强孰败桡。
居然当鼎味，岂不辱钓罩。
余初不下喉，近亦能稍稍。
常惧染蛮夷，失平生好乐。
而君复何为，甘食比豢豹。
猎较务同俗，全身斯为孝。
哀哉思虑深，未见许回棹。

①柳柳州：指柳宗元，时为柳州刺史。
②虾蟆：青蛙和蟾蜍的统称，“虾”又写作“蛤（há）”。

《答柳柳州食虾蟆》是唐代诗人韩愈所写的一首五言古诗。该诗描写了诗人食虾蟆由不能下咽到稍能入口，从中可见诗人的饮食习惯因地域和食物原料的改变而不得不有所改变。这首诗约作于唐元和十四年（819年），这年韩愈因上书谏迎佛骨触怒宪宗，由刑部侍郎贬为潮州刺史。诗里描写了虾蟆的外形特征、生活习性，并借抒写自己不堪其扰的烦恼和食虾蟆的感慨，寄托了迁谪南荒的忧惧愁烦。这首诗在艺术上也反映了韩诗所特有的宏伟奇崛的风格。

作为北方人的韩愈，对南方人把虾蟆这种丑陋生物当作食材烹饪食用的行为，表现出了太多的惊讶和无奈。韩愈认为把虾蟆这种丑陋的东西放在精美典雅的炊具中，是对炊具一种无言的侮辱，故诗中有“居然当鼎味，岂不辱钓罩”句。一方水土，养一方人。生活区域的变化，生活习俗也会慢慢有所改变，韩愈也由食虾蟆不能下咽，而慢慢到稍能入口，“余初不下喉，近亦能稍稍”，从句中可见，北方人来到南方后的饮食习惯，也会因地域和食材的变化，而不得不有所改变，即使这个过程会有些痛苦。

别赵子[1]

唐·韩愈

我迁于揭阳，君先揭阳居。

揭阳去京华，其里万有馀。

不谓小郭中，有子可与娱。

心平而行高，两通诗与书。

婆娑海水南，簸弄明月珠。

①赵子：前“潮州八贤”之赵德。

及我迁宜春，意欲携以俱。
摆头笑且言，我岂不足欤。
又奚为于北，往来以纷如。
海中诸山中，幽子颇不无。
相期风涛观，已久不可渝。
又尝疑龙虾[1]，果谁雄牙须。
蚌蠃[2]鱼鳖虫，瞿瞿以狙狙。
识一已忘十，大同细自殊。
欲一穷究之，时岁屡谢除。
今子南且北，岂非亦有图。
人心未尝同，不可一理区。
宜各从所务，未用相贤愚。

韩愈被贬潮州之后，心情失落，幸得一友人，是后世流传的“潮州八贤”之一的赵德，韩愈与之志趣相合，在潮州期间与赵子诗文唱和。韩愈迁任宜春，赵德不能同行。于是，韩愈写诗《别赵子》以留念。

赵子就是赵德，相传赵德是唐代宗大历三年（768 年）进士。元和十四年（819 年）韩愈任潮州刺史，延师兴学，举荐赵德“摄海阳县尉，为衙推官，专勾当州学，以督生徒、兴恺悌之风”。赵德对韩愈也是衷心仰慕，将其收集的韩愈的文章，共计 72 篇，整理编成《昌黎文录》。

蠃（海螺）

①疑龙虾：王隐《交广记》说，有人对广州刺史滕修说，虾须能长达一丈，滕修不信。后那人至东海，取来了长四丈四尺的虾须，滕修才信服。虾，与“虾”同。
②蠃：通“螺”，海螺。

杨万里的诗：潮菜饮食『本味』

杨万里（1127—1206），字廷秀，号诚斋。吉州吉水（今江西省吉水县黄桥镇湴塘村）人。南宋著名诗人、大臣，与陆游、尤袤、范成大并称为“中兴四大诗人”。因宋光宗曾为其亲书“诚斋”二字，故学者称其为“诚斋先生”。

杨万里一生作诗两万多首，传世作品有四千二百首，被誉为“一代诗宗”。他创造了语言浅近明白、清新自然，富有幽默情趣的“诚斋体”。杨万里的诗歌大多描写自然景物，且以此见长。他也有不少反映民间疾苦、抒发爱国感情的作品。著有《诚斋集》等。

南宋淳熙七年（1180年）正月，杨万里从家乡出发到广东任职，任职期间，杨万里对南海的风土人情很有兴趣，多次作诗记其欣喜好奇之心，此为其中之一。

食蛤蜊米[1]脯羹

宋·杨万里

倾来百颗恰盈奁，剥作杯羹未属厌。
莫遣下盐伤正味，不曾著蜜若为甜。
雪揩玉质全身莹，金缘冰钿半缕纤。
更淅香粳轻糁却，发挥风韵十分添。

看来，当时的人把这极其普通又极其美味的蛤蜊米珍惜得好像要用梳妆盒来装和称量，烹调时还不敢放盐，生怕伤了它的正味，目的就是要让烹好的羹汤就像放了蜜似的鲜甜，可见百味之王的盐在蛤蜊米面前也成了“偏味”。我们惊叹今天潮州菜对“本味”“正味”的“鲜、甜”要求，以及“莫熟要鸣牙”的口感牙感追求竟与宋时并无异样。

食车螯[2][3]

宋·杨万里

珠宫新沐净琼沙，石鼎初燃瀹井花。
紫壳旋开微滴酒，玉肤莫熟要鸣牙。
帐拖金线成双美，姜擘糟丘并一家。
老子宿酲无解处，半杯羹后半瓯茶。

①蛤蜊米：花蛤的肉。
②（宋）杨万里著. 王琦珍整理. 杨万里诗文集·上. 南昌：江西人民出版社, 2006.01.
③车螯：蛤的一种。璀璨如玉，有斑点。肉可食。肉壳皆可入药。自古即为海味珍品。

从中，我们可以真切地感觉到，养沐水中析尽细微白沙的肥美花蛤伸展着洁白的玉肤，石锅里烧着水刚刚冒出井里那样轻盈的水花，花蛤们纷纷扭着腰身张开双壳，这时候要往锅里滴几滴酒（去腥提鲜），赶快把花蛤捞出，要是熟透了就糟了，会失去在牙间柔嫩的吱叫；花蛤的金色边线展开成了一对美丽的造型，赶快把备好的姜料与花蛤拌在一堆，就可以痛快饕餮了。

车螯

蜑户①②

宋・杨万里

天公分付水生涯，从小教他蹈浪花。

煮蟹当粮那识米，缉蕉为布不须纱。

夜来春涨吞沙觜，急遣儿童斸③荻芽。

自笑平生老行路，银山堆里正浮家。

---

①（宋）杨万里著. 周汝昌选注. 杨万里选集.上海：上海古籍出版社，1962.12.

②蜑户：“蜑”指宋代居于江海的蛮族。宋太宗初年，沿海可见大量蜑民。乐史修地理总志《太平寰宇记・卷一百五十七・岭南道一》，云“蜑”人为“蜑户，县所管，生在江海，居于舟船，随潮往来，捕鱼为业。若居平陆，死亡即多，似江东白水郎也”。（这里的“蜑户”的词义仅限到宋代，不能延伸到明清）（何湘君.礼法背景下由“蜑”至“疍”的异化演变与文化考察[J]. 文化产业,2023,(10):83-87.）

③斸：音zhú，砍的意思。

蟹

南宋诗人杨万里曾于孝宗淳熙八年（1181年）腊月率师到潮州平定海盗沈师之乱，在潮州前后居留20多天，留下了关于潮州饮食习俗的诗歌。杨万里以一首《蜑户》记录了广东、福建一带的疍民“围海煮食”的生活习惯。

张夔的诗：饮茶习惯早在北宋时期就已经形成

张夔，字柏举，号致尧，北宋海阳县隆眼城都（今广东澄海隆都）人。又有一说是饶平人，出自《潮州府志》。宋徽宗重和元年（1118年），考中进士，授茂名县令。茂名地方有土豪，欺压百姓，贿赂县吏，狼狈为奸，逍遥法外。张夔到任后，土豪们妄图用重金贿赂以掩蔽。张夔查明后即将犯法的土豪处治，并把罪证立案上报。州太守一时对案件迟疑不决，张夔亲抱案卷上公堂面辩，为民请命，表示恶人不除，愿卸官归田。太守终于明白，将土豪治罪，力挽张夔留任。自此，张夔名声传扬，粤西南各县以张夔清介为南中诸县之冠，向朝廷推荐。宋高宗赵构赐玺书“名著南天”褒扬，擢张夔为廉州通判。廉州盛产沉香和金砂，为官廉州者无不私囊充盈，满载而归，张夔为廉州判官却一尘不染，两袖清风。

时廉州有“山寇”骚动，朝廷命张夔督剿。张夔向骚动者讲明利害，耐心规劝，终于使他们“易刀剑为牛犊”，归家务农。后张夔升任新州（治所在今广东新兴县）知州，捐薪办学，刊印五经，选拔俊秀勤加攻读，文运为之振兴。又兴修水利，筑陂蓄水，灌溉农田千余顷，农业普获丰收。百姓颂其功，称其陂为“张侯陂”。高宗鉴其政绩，特在屏风上书“南有张夔，北有周昕”。

潮州凤凰山的产茶历史十分悠久，当代学者已将潮州的产茶史追溯至唐代。历代文人墨客都曾为凤凰单丛茶挥毫泼墨，张夔也有关于品茶的诗句。

和徐璋送举人韵[1]

宋·张夔

联镳佳气凌三都，奎光摇动天南隅。
追风千里麒麟驹，神珠尽拨苍龙须。
巨鳌金背浮方壶，词源白练飞舒姑。
伟哉宾兴贤大夫，南观扶摇九万图。
机云丽藻擒东吴，银钳健字挥颜书。
燕[2]阑欢伯[3]呼酪奴[4]，銮旌风吹光寒儒。
北门视草席久虚，腾空万丈虹霓舒。
相将直上青云衢，鹗金鸣玉彤庭趋。

①陈香白辑校. 潮州三阳志辑稿, 潮州三阳图志辑稿. 广州: 中山大学出版社, 1989.12.
②燕: 通“醼”, 即宴会。
③欢伯: 酒的别称。
④酪奴: 茶的别称。

这是一首描写古人将书法与茶相结合的诗，诗中所提到的席间品茶在潮汕一带至今流行，且传播范围越来越广。这说明了潮州早在北宋时已形成饮茶的习俗，并在宴席中间必备品茶的程序。南宋末期，君臣流亡至潮州，留下了帝昺饮了凤凰单丛茶后被称为宋茶的传说，说明凤凰山产茶历史很久。

彭延年的诗：潮菜中的家常菜

彭延年（1009　1095），字舜章，号震峰，江西庐陵（今吉安）人，进士，是大文学家欧阳修的远房表弟。历任大理寺评事、大理寺少卿、知潮州事、大理寺卿。其为官清廉，得罪权贵，故被贬来潮为州事。任职期间颇有政绩。他减赋税，修筑韩江堤，击匪寇，身先士卒，断指而不顾，与民生息，救民于水火。“城内挖井36口”，泽及潮民，有功于斯，民颂曰：“解结理絮，惟我彭公；复我生我，有我彭公。”

北宋仁宗朝，江西庐陵人彭延年以大理少卿谪任潮州知州，后来落籍浦口村（今揭阳官溪），写下了当时潮州当地的家常菜。

浦口村居好（五首之一）

宋・彭延年

浦口村居好，盘飧动辄成。

苏肥真水宝，鲦滑是泥精。
午困虾堪脍，朝醒蚬可羹。
终年无一费，贫活足安生。

蚬

与韩愈反映官宴情状的《初南食贻元十八协律》诗相比较，上诗所反映的应是北宋潮州乡间的家常菜。从饮食文化史的角度看，民间家庖是本源，酒楼菜馆是巨流。而彭诗描述的农家菜，物料同样很丰富，虽然受诗歌体裁的限制，诗中出现的食料只不过四样：苏（即紫苏，也名桂荏，带辛香味。东汉张衡《南都赋》："苏、紫姜，拂彻膻腥。"）、鲦（淡水小鱼，状类柳叶，略似泥鳅）、虾、蚬（即蚌），但一句"盘飧动辄成"，既透露了四时物料之易得，也道出了"鲜鱼对顿"即注重物料鲜活、及时的风尚。其次是农家菜烹饪时亦颇讲究：用肥嫩的紫苏叶，既是食料又是调料；刚捞起的虾作脍（虾生），蚬则做成羹……这些，都说明了潮州菜的形成，自有其广泛、深厚的社会基础。

苏东坡的诗：潮菜的复古做法『煨』

苏轼（1037—1101），字子瞻，又字和仲，号铁冠道人、东坡居士，世称苏东坡、苏仙、坡仙。眉州眉山（今属四川省眉山市）人，祖籍河北栾城，北宋文学家、书法家、画家，历史治水名人。父为苏洵，弟为苏辙，父子三人并称“三苏”。

苏轼是北宋中期文坛领袖，在诗、词、文、书、画等方面取得很高成就。其诗题材广阔，清新豪健，善用夸张比喻，独具风格，与黄庭坚并称“苏黄”；其词开豪放一派，与辛弃疾同是豪放派代表，并称“苏辛”；其文著述宏富，纵横恣肆，豪放自如，与欧阳修并称“欧苏”，与韩愈、柳宗元、欧阳修、苏洵、苏辙、王安石、曾巩合称“唐宋八大家”；善书法，与黄庭坚、米芾、蔡襄合称“宋四家”；擅长文人画，尤擅墨竹、怪石、枯木等。作品有《东坡七集》《东坡易传》《东坡乐府》《寒食帖》

《潇湘竹石图》《枯木怪石图》等。

大文豪苏轼是一位出名的美食家。在苏轼笔下几乎没有不能入诗的题材，更有以俗事俗物、俗俚土语入诗者，变俗为雅，诙谐幽默，情趣盎然，这首《除夕访子野食烧芋戏作》就是其中比较有趣的诗作之一。

除夕访子野[①]食烧芋戏作

宋·苏轼

松风溜溜[②]作春寒，伴我饥肠响夜阑。

牛粪火中烧芋子，山人更吃懒残残[③]。

宋哲宗绍圣三年（1096年）十二月廿七日，被贬到惠州的苏东坡曾写了一篇《煨芋帖》：惠州富产芋，人食者多瘴。予野谓轼曰："此非芋之罪也。芋当去皮，湿纸煨之火中，过熟，乃热啖之，则松而腻，乃能益气

---

①子野：子野，即"潮州八贤"之一吴复古的字。

②溜溜："溜溜"为口语，描写风势轻微，松树微微摇动，然而毕竟是除夕立春时节，风从衣袍间"溜"进去，还是比较寒冷的。

③懒残残：懒残残的结构是"（懒残）残"，即懒残之残。这里苏东坡用了一个典故（典故见赞宁撰、范祥雍点校：《宋高僧传》卷19"感通篇二·唐南岳山明瓒传"北京:中华书局，1987）。懒残是唐代南岳衡岳寺僧人明瓒的外号。《宋高僧传》说，明性疏而好食残余饭菜，人以"懒残"称之。传记在下文还讲了一个故事。"隐南岳。而潜察瓒所为，曰：'非常人也。'听其中宵相国邺公李泌，避崔李之害，梵呗，响彻山谷。李公情颇知音，能辨休戚，谓曰：'经音凄怆而后喜悦，必谪堕之人时将去矣。'候中夜，李公潜往谒焉，望席门自赞而拜。瓒大诟，仰空而唾曰：'是将贼我。'李愈加郑重，唯拜而已。瓒正发牛粪火，出芋之，良久乃曰：'可以席地。'取所啗芋之半以授焉。李跪捧尽食而谢。谓李公曰：'慎勿多言，领取十年宰相。'李拜而退。"（《宋高僧传》下册，第492页。）明瓒喜欢吃其他僧人吃剩的饭菜，李泌又吃了明瓒吃过的芋子，故苏东坡戏谑说"山人更吃懒残残"，见《新唐书》卷。李泌年轻时喜欢神仙道术，百姓把他叫作"山人"。这句诗里，苏东坡以李自况。

芋

充饥。今惠人皆和皮水煮冷啖，坚顽少味，其发瘴固宜。”遂于除夕前两日夜间，亲煨芋两枚以啖东坡。

子野，即“潮州八贤”之一吴复古的字。吴复古与苏轼是好友，他深谙养生之道，又是“粒食”的潮州人，所以能将“煨（潮人称为“礁”，即把食料埋入热火灰中使熟）芋法”传给东坡。

但是，善于烹饪之道的苏东坡，却不知道山芋有多种食法。难怪他在尝了煨芋后忍不住地又写下《除夕访子野食烧芋戏作》诗。

名士不解食芋法，“富产芋”的惠州也只知“和皮水煮冷啖”，而毗连的潮州却擅长制作“松而腻”且“能益气充饥”的煨芋。

林熙春的诗：潮菜的食俗①

林熙春（1552—1631），字志和，号仰晋，生于明嘉靖三十一年（1552年），海阳龙溪宝陇村（今潮安庵埠）人。出生后父母相继亡故，家境中落，全凭嫂嫂抚养成人。但据志书所载，林熙春于明万历十一年（1583年）中进士后，授四川巴陵县令，不久即“以内艰归”。所谓“内艰”，即母丧（按，俗称父丧为外艰，母丧为内艰，统称丁忧、丁艰）。据此，乃母似应逝于他登第授官之后。当然，这也不排除林熙春视嫂为娘

①食俗：以前有客人来访，都会拿出一份礼物（里面有一种“瓦果”，形状像荔枝，又像青梅），以示礼貌，但这样简单的习俗，已经随着时间的流逝而消失了。现在，喝酒都是从浙江运来的美酒，就连一些名贵的食材，也都是来自海外的。

的可能。据称，林熙春为报答嫂恩，登第后还特为其嫂在屋旁挖塘放养乌耳鳗，抵今池塘尚在。

感时诗

明 · 林熙春

余垂髫时，家有瓦果，饰荔梅状合[1]中，客入门，用以初酌。尝闻叶师相集，闽也有之。向在京晤商卿王小虞先生，谈及楚俗女子于归，制棕裙以裼大衣，即先大母淑人时也用此。数十年前犹存，今俱不可见矣。服食侈靡，于斯为极。诗中略举一二，聊志今昔之感。

瓦陈红荔与青梅，故俗于今若浪推。
法酝必从吴浙至，珍馐每自海洋来。
羊[2]金饰服三秦宝，燕玉妆冠万里瑰。
焉得棕裙还故俗，堪羞大袖短头鞋。

①合：通“盒”。
②羊：通“祥”，“羊金”即精炼的金属。

丘逢甲的诗：潮汕工夫茶

丘逢甲（1864—1912），字仙根，又字吉甫，号蛰庵、仲阏、华严子，别署海东遗民、南武山人、仓海君。辛亥革命后以“仓海”为名。祖籍广东嘉应州镇平县（今广东蕉岭）。晚清抗日保台志士、爱国诗人、教育家。丘逢甲与黄遵宪、丁日昌、何如璋并称为“岭东四先生”。其诗风格上受杜甫、陆游诸家影响，充满爱国感情。著有《岭云海日楼诗钞》等传世。

潮人的饮食怎么也离不开工夫茶。潮汕工夫茶可谓源远流长。诗人丘逢甲的《潮州春思》6首中最后一首《处女泉》，就特地写到工夫茶的饮食习惯：

处女泉

曲院春风啜茗天，竹炉榄炭手亲煎。
小砂壶瀹新鹪嘴，来试湖山处女泉。

丘氏的这首竹枝词，基本构筑起潮汕工夫茶冲泡的基本要求。其一，是好天气、好心情。其二，是竹炉、榄炭，这是对火的要求。其三，是砂壶，宜兴和潮州所产的紫砂壶，是潮汕工夫茶最好的冲泡工具。而鹪嘴，即凤凰山所产的鸟嘴茶，因凤凰山高峰名凤凰鸟髻，故而其地所产的茶叶称为鹪嘴。其四，是处女泉，这是对水的要求。林大川在《西湖记》中有“泉洞如井，深可三尺，石磴几级下方及泉，一如栖凤而清冽甘芳过之”来形容处女泉。张华云在《潮汕工夫茶道》一文中也推许处女泉为潮汕名泉，是工夫茶最好的泉水。

老舍先生：诗中提及的工夫茶

赠汕头工艺美术陈列馆

老舍

潮汕文化最风流，虹彩霞光映碧秋。

品罢工夫茶几盏，欣看珠玉满琼楼。

吴南生为《潮汕文库》作序，回忆1962年4月潮汕初春季节，在周恩来总理的亲切关怀下，老舍、曹禺、阳翰笙先生等一行十几人，专程来广东汕头专区访问。他奉命专程来汕头迎候他们，陪同他们，从汕头到潮州，从潮阳到澄海，又从广东潮剧院到汕头工艺美术陈列馆等等，潮汕的山山水水和独特的文化艺术，深深打动了他们的心。老舍先生咏诗《汕头行》八首，描绘其当时的所见所闻所感，爱国爱潮爱民的深厚感情。当老舍先生一行将回归北京的时候，一再握别叮咛：要珍重潮汕的文化遗产，要好好发掘和整理呀！

在汕头工艺美术陈列馆，老舍先生写下了满怀深情的诗：《赠汕头工艺美术陈列馆》。

老舍（1899—1966），原名舒庆春，字舍予，笔名老舍、絜青、絜予、非我、鸿来等，生于北京，满族正红旗人。中国现代著名作家、著名小说家、著名戏曲剧作家、著名诗人、杰出的语言大师、人民艺术家。

老舍在汕头参观汕头专区工艺美术馆时，在门前的留影

王永鑫《潮俗诗歌选注》的

王永鑫，笔名王笑，1936年生，广东澄海县人。1961年华南师范学院中文系本科毕业，长期在高校从事汉语教学和研究工作。主要论著有《〈永州八记〉浅论》《初唐传奇二篇注评》《汉语修辞研究的进展》《汉语辞格举隅》《略论韩愈的修辞理论与实践》《谈方言修辞》《潮汕方言在文学创作中的运用》等。传略载入《东方之子》《潮汕人物辞典》等。先后任韩山师专、广东汕头教育学院中文系主任、副教授。广东省语言学会、汕头语言学研究会、潮汕历史文化研究中心理事，潮汕方言研究会副会长兼秘书长。

《潮俗诗歌选注》于1999年12月由中国戏剧出版社出版，杨方笙为该书写小引。《潮俗诗歌选注》中潮俗诗歌共106首，其中涉及潮菜诗歌43首。

蔡起贤的诗：石螺歌（并序）

三度诗人节，盘无兼味，唯石螺而已。诗人固穷邪？夫特以此味荐之邪？！俗云："天不生咸薄壳，寒士无开荤之日。”诗人佳节，端赖有此物。一尝荤味，至幸！因赋《石螺歌》云。

水村鱼虾贱，最贱数石螺。
寄身在涧沼，蠕动拙于蜗。
形体如小钮，高髻漫峨峨。
自来嫌味淡，虽蚌蛤同科。
劳歙难果腹，唇吻费搓磨。
餍既妨吞噬，壳坚齿奈何。
富家纷饤饾，筵席未登过。
寒家赖有此，价欲敌鸭鹅。
诗人竞有节，肴馔无其佗。
仗以资咀嚼，藉此醉颜酡。
先生羞苜蓿，一荤良足多。
停筷摇秃笔，作诗吊汨罗。
余兴犹未已，更赋石螺歌。

蔡起贤是潮汕的知名学者、诗人，他在潮学研究、诗词创作、文学教育等方面，都有卓越的建树。蔡老又是潮汕历史文化研究中心的中坚，自1991年“研究中心”创建以后，蔡老先后任“研究中心”的理事、《潮汕文库》的编委、“研究中心”的顾问等，为潮汕文化的学术研究及各项重要工作殚精竭虑，作出了重要的贡献。

蔡起贤（1917—2004），潮安彩塘镇砂垄寨蔡厝人，潮汕知名学者，诗人，号缶庵。长期从事教育工作，擅长诗词，对地方文史颇有研究。书法从唐楷入手，继学二王，偏爱二爨，晚年以汉隶魏碑笔意入行，方圆结合，内涵丰赡。蔡起贤博学多才，被誉为“潮汕文化百科全书”和“活字典”。著有《缶庵诗词钞》《缶庵论潮文集》《前贤诗萃》等。

元宵坐大菜

李绍雄

观灯已罢夜阑珊，小妹良宵兴未完。

相约田间坐大菜，将来嫁得好郎官。

大菜，学名为芥菜，这是潮汕地区对其俗称。大菜是中国的特产蔬菜，也是潮汕地区著名的蔬菜。大菜经有关方法腌制之后，就是潮汕著名的“酸菜”和“贡菜”。元宵前后，大菜是当令季节蔬菜，潮菜中有特色菜品“大菜煲”。坐大菜，则是旧时潮汕地区流传的一个习俗。有民俗谚语：“坐大菜，嫁个好夫婿（‘菜’与‘婿’同韵）”。未婚少女一心想嫁个好丈夫，于元宵之夜，到大菜园去坐大菜（芥菜），边坐边许愿“坐大菜，嫁个好夫婿”。此民俗现已经消失了。

大菜（芥菜）

词

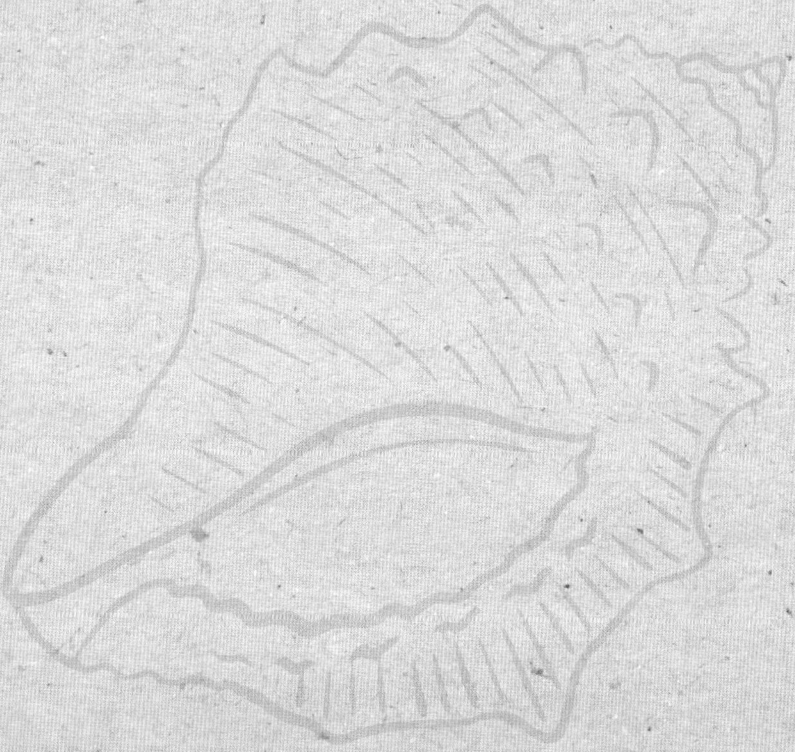

杨方笙的词——《清平乐·潮菜八题》

潮菜以“色、香、味、型”并美而享誉中外，其食材之讲究、选料之广博、做工之精细、质味之鲜美，每每令食客大快朵颐之后，犹回味无穷。潮菜文化是博大精深、源远流长的中华饮食文化中一个分支，蕴含着深厚的内涵。诗词是中华传统文化宝库中的瑰宝。以诗词作品的形式来咏赞潮菜，更为潮菜文化添彩增辉。杨方笙教授《清平乐·潮菜八题》便是赞咏潮菜的好词，读之令人垂涎。

荣获首届暨南大学“潮学终身成就奖”的原汕头教育学院院长杨方笙教授将年届期颐，老人家原籍重庆，在潮汕生活已七十多年，是汕头岭海诗社和潮汕历史文化研究中心顾问。作为一位已把潮汕作为第二故乡的学者，对潮学研究注满深情。杨老著有潮学专著《品潮探海——杨方笙论潮文集》，诗集《此中人集》《此中人集（续）》《此中人集（再续）》《此中人集（三续）》《广竹枝集》《广竹枝集续》《饮潮集》，以及以佘文华笔名写的《潮州菜与潮州筵席》。《品潮探海——杨方笙论潮文集》中，有一章为“潮州菜与潮汕文化”，可知他不单深深地爱上了潮汕美食，还潜心作了研究。杨老总结出了潮菜有六个方面的特点：1.以烹制海鲜取胜。2.口味崇尚清淡。3.重视原汁原味。4.善于制汤。5.制作工艺精巧。6.注重养生。杨老既是学者，又是诗人词客。在研究潮菜的同时，也挥动他的词笔来写潮菜。这组《清平乐·潮菜八题》，便见自他的《广竹枝集》。

护国菜

怆怀宋末，帝昺伤流落。

野老潮州进藜藿，嘉名锡以“护国”。

一盅翠绿莹莹，客人盛赞佳羹，

不过田间薯叶，看他变贱为珍。

护国菜是潮菜中一道名菜。因何“嘉名锡（‘锡’通‘赐’）以‘护国’”？说来有一段凄怆的传说。此词上片，所叙述者就是护国菜的来由。相传，南宋末年，社稷风雨飘摇，末代君主帝昺遭元兵追袭，逃到潮州。途中疲竭不堪，歇息时遇到一位野老（有一说是僧人），老人无米无菜，就地取材，用番薯叶煮了一碗羹给他吃。帝昺正当饥渴交加，见这菜羹碧绿清香，入

护国菜

口软滑鲜美，食后龙颜大悦，大加赞赏，当即封此菜为“护国菜”。所以，提起这道菜，不禁令人“怆怀宋末”。何谓“藜藿”？藜为野菜，藿为豆类植物的叶子，泛指粗劣的饭菜。护国菜取材虽贱，然而经过历代厨师的妙手，精心制作，加以上汤，却烹饪出了美味佳羹。“一盅翠绿莹莹”，写出菜色之美，“客人盛赞佳羹”，写出菜味之美。“不过田间薯叶，看他变贱为珍”，写出了潮菜粗菜精制的特色。

蚝烙

鲜蚝海产，香味溢盘盏。

裹粉油煎调鸭蛋，更着芫荽装点。

东坡首到山东，盛称蚝味无穷。

设若来潮一试，定然伴酒千盅。

蚝烙

蚝烙为潮菜中名小食，既能作宴会的“上桌菜”，也普遍见于街头巷尾的饮食摊档。此词上片，寥寥四句，便活色生香地将一盘香味四溢的蚝烙勾勒而出。蚝烙取材用海产鲜蚝，裹以薯粉浆，猛火油煎，并调以鸭蛋液，煎作饼状，装盘时加上芫荽装点，颜色金黄的蚝烙搭配青翠的芫荽，品相十分好看，举箸夹之，蘸以鱼露，入口外酥内嫩，鲜美可人。词的下片，则用苏东坡的掌故来作衬托。苏轼当年初到山东密州，首次食蚝，赞不绝口。设想他来潮汕，品尝到蚝烙，定然佐酒千杯，痛饮不已。

鱼翅

一盅鱼翅，文火久烹制。

软硬适中甘润美，食客欣然色喜。

而今处处高筵，海鲜列俎尊前。

吾族竞趋甘旨，鲨鱼殆绝谁怜！

鱼翅

鱼翅是潮菜中的高档菜品。所谓鱼翅，是鲨鱼鳍做的，烹制之前，需经长时间泡发，然后再用文火慢慢烹制。“一盅鱼翅，文火久烹制。”写出烹制所费工夫之久。“软硬适中甘润美，食客欣然色喜。”经过精工耗时烹制出来的佳肴，口感宜人，令食者面露喜色。下片笔锋一转，抒发议论。“而今处处高筵，海鲜列俎尊前。”如今到处举办盛大的宴会，海鲜都摆上了砧板。“俎”在这里指切肉菜时所用的砧板。“吾族竞趋甘旨，鲨鱼殆绝谁怜!”“吾族”谓我们人类，“甘旨”指称美味食物。如果人类都追求美食，将鲨鱼杀戮殆尽，又有谁怜悯呢？读此词，不单是咏赞美食，作者对生态环境的忧虑，更提升了词的境界。

浮油豆干

浮油豆干

豆材精选，四面油煎遍。
肉嫩皮酥香气远，怕烫舌头频转。
难为酒店高厨，最佳小担红炉。
蘸以盐水香韭，归侨老伯争趋。

浮油豆干是潮汕一种小食。豆干由精选的黄豆制成，猛火热油四面煎，谓之“浮”。“肉嫩皮酥香气远，怕烫舌头频转。”这两句，将食客品尝豆干的神态刻画得十分传神。由于浮油豆干价廉，能满足普通大众的消费水平，酒店高厨或许未必乐意为之，然而，却最适合街头的红炉小担。浮油豆干的蘸料很特别，采用韭菜切碎，泡以盐水装碟。夹起一块浮油豆干，蘸以盐水香韭，入口风味殊胜。老华侨回乡为此竞相寻味。

卤鹅

卤鹅佳味，古法精庖制。
绝爱咸香头脚翅，盍不来潮一试？
鹅材首选“狮头”，纷纷莰岸芦洲。
宜饭宜茶宜酒，教人都恋潮州。

卤鹅

卤鹅为潮州特色菜，其卤制之用料及步骤，均谨遵古法。一只卤鹅，以鹅头、鹅脚、鹅翅最为咸香，令人喜爱。说得再好，何不请食客来潮一试？卤鹅选材，首选肉质鲜嫩的“狮头鹅”。狮头鹅是潮汕培育出的最大优良品种鹅，也是世界上的大型鹅之一。该鹅种的肉瘤可随年龄而增大，形似狮头，故称狮头鹅。原产广东省饶平县浮滨镇，今于澄海、潮安、汕头市郊多有饲养，鹅喜栖于水，故云“纷纷荻岸芦洲”。“宜饭宜茶宜酒，教人都恋潮州。”卤鹅美味，佐饭佐茶佐酒，无不适宜。品尝此物，足让人对潮汕存爱恋之情。

膏烧白果

膏烧白果，入口甜香糯。

外地船来千百颗，巧制工夫在我。

更添金桔丝丝，配它小盏银匙。

食罢浓茶数口，教人幽绪飞驰。

膏烧白果，也作糕烧白果，是潮菜中一道甜品。潮州菜讲究意头，筵席有“头甜尾甜”之说，即每一场宴席，头尾两道菜都必须是甜品，寓意甜蜜美满。而糕烧白果，则是甜品中一道令人喜爱的菜式。白果即银杏，由于潮汕地区并不盛产此果，所用食材，旧时多为外地船运而来，经过潮菜厨师精工巧制，入口甜香软糯，十分可口。“更添金桔丝丝，配它小盏银匙。”潮菜糕烧白果的制作，金桔饼丝是不可

膏烧白果

或缺的，由于加了桔饼，才能使此菜甜而不腻，堪称妙配。食具使用小盏银匙，更体现了潮人饮食文化的精巧别致。“食罢浓茶数口，教人幽绪飞驰。”须知，潮菜文化与工夫茶文化密不可分，食完甜甜的膏烧白果，啜上几口浓浓的工夫茶，那感觉，教人纵有幽郁的思绪也立即飞驰而去。

炒薄壳

嘉名“凤眼”，休说出身贱。

贫户炒香一大盏，伴以老姜生蒜。

鲍鱼给尔富民，薄壳惠我草根。

千顷汪汪不竭，难忘大海恩情。

炒薄壳

炒薄壳是潮菜中一道家常菜。薄壳学名寻氏肌蛤，是盛产于潮汕近海的一种小型贝类。壳质薄脆，表面有黄褐或绿褐色壳皮，壳皮下具紫褐色波状花纹，壳内面灰白色，有珍珠般的光泽，因壳薄，故名薄壳，又美称“凤眼”。由于当地盛产，所以十分廉价。贫寒人家，拈来老姜生蒜，炒起来便是一大碗，香味四溢，足以大快朵颐。“鲍鱼给尔富民，薄壳惠我草根。”鲍鱼属于奢贵的食材，只有富人才吃得起，薄壳则价格低廉，草根群体均能饱餐。“千顷汪汪不竭，难忘大海恩情。”潮汕近海，故盛产此物不竭，惠泽普罗大众，念及于此，应当感谢大海的恩情。词境至此，又升华了一个层面。

青菜

茵茵绿透，新摘瓜蔬豆。
田野风情天生就，食与自然同寿。
餐餐饱饫肥鲜，渐行渐远天然。
捧上一盘新韭，教人亲近春天。

潮菜宴席上菜的次序，除了“头甜尾甜”外，还有一个讲究，就是所有荤菜食后，未上甜品之前，必须上一道青菜。食客见到上青菜时，就知道菜品将齐，只待一道“尾甜”了。“茵茵绿透，新摘瓜蔬豆。田野风情天生就，食与自然同寿。”青菜选材，不拘瓜蔬豆，田间新摘而来，颜色青翠，十分悦目。养生之道，重在人与自然和谐，多食适时菜蔬，自能健康长寿。这体现了潮菜注重养生的特点。“餐餐饱饫肥鲜，渐行渐远天然。”此处使用逆笔，意为顿顿饱食肥鲜，与天然食品便渐行渐远了。“捧上一盘新韭，教人亲近春天。”笔锋又是一转，由远返近，意境随之

青菜

宕开。由上桌的一盘春韭，联想到让人亲近春天，确是大家手笔，读之不禁击节！

《清平乐·潮菜八题》所咏者分别为护国菜、蚝烙、鱼翅、浮油豆干、卤鹅、膏烧白果、炒薄壳和青菜，内中既有高档菜，也有家常菜，菜式有荤有素，烹饪方法有煮、烙、炖、浮、卤、糕烧、炒等，每一菜品，都各具代表性，从中可略窥潮菜样貌。

《清平乐》这个词牌，属于词中的小令。南宋词人张炎在他的著名词学论著《词源》中说："词之难于令曲，如诗之难于绝句，不过十数句，一句一字闲不得，末句最当留意，有有馀不尽之意始佳。"由此可知，要写好小令颇不容易。具体到《清平乐》的词牌，其实只有八句四十六字，所以一句一字，更容不得闲笔。杨方笙教授这组《清平乐·潮菜八题》，在有限的笔墨空间中挥洒自如，无一懈笔，末句诸如"难忘大海恩情"，"教人亲近春天"等等，都能达到"有有馀不尽之意"的妙处。这一阕阕小令，不但写出了潮菜的文化特色，更难得的是，词人恍如一位高妙的画家，总能抓住各种菜品的特点，通过文字将色、香、味、形写出，十分鲜活传神。读其词，已能闻到潮菜之香，能不食指大动？

竹枝词

1984年，汕头市岭海诗社成立，为潮汕地区的诗词事业带出一个全新的发展时期。岭海诸老在诗社成立之初，提出三点创作主张，由此所带动的潮汕诗歌热，被诗词理论家称为“潮汕新诗风”。在这种新诗风中，潮汕竹枝词创作就成为重要的元素。

竹枝词虽然起源于巴渝民歌，但是潮汕地区的诗人从明朝开始就热衷这一独特的诗歌创作形式。而且在创作过程中，融入大量潮汕风物和元素，竹枝词在本区域的创作中，呈现独特的地方特色，因而被称为“潮汕竹枝词”。潮汕竹枝词歌咏地方风物，其中也就有不少与潮菜相关的篇什。这既为潮汕诗歌提供美好的因素，也为潮菜文化注入丰富的文化内涵。

特别是岭海诗社成立之后，张华云、杨方笙、黄赞发等为倡导潮汕新诗风而有意识地投入到潮汕竹枝词创作中，所表现的潮菜、潮汕饮食习惯的描述成果；以及在他们影响下，其他诗人所创作的潮汕竹枝词中的潮菜文化，可从中略窥诗人笔下的潮菜，以及潮菜文化的历史推移。

历代潮汕竹枝词中的潮菜描述

从现存的文献来看，由明代开始，潮汕诗人已经有竹枝词作品流传下来，其中就有不少与潮菜相关的篇什。现笔者略加分类，对20世纪50年代以前的潮汕竹枝词中所涉潮菜文化进行分类。

1. 潮人的主食及菜品的基本搭配

民国期间，潮州金山中学教师丘玉麟在《回回纪事诗》中有竹枝词《粥》，就是对潮人主食的描述。

粥

凌晨别有农家味，饷客浮花镬粥香。
楚楚厨娘纤手奉，紫茄红苋拦酸姜。

潮人喜食糜，特别是早餐和夜宵，食糜早成习惯。俗谓“沙锅煮糜”，最是可口；而茄、苋、醋姜等配糜，尤为抢嘴。这首竹枝词中，特定时间、特定厨具，还有配糜小菜，更有女主人殷勤之姿，活脱脱就是农家饷客图，所谓“诗中有画”，大概就是这样吧。

潮人饮食一定要有汤食，有“宁可食无馔，不可饭无汤”之说，寻常人家午、晚餐通常会备一份汤食；而一般待客为四盘两碗，即四菜两汤；如果正式筵席，那么汤和菜就会更多一些。明代曾宦居潮州的海南人丘京在《潮州竹枝词》中有《作汤》：

作汤

十八女儿唤妹娘，潮纱裁剪试轻裳。

侬心偏爱西施舌，洗手临厨自作汤。

这首竹枝词写的是一个18岁待出嫁的姑娘的日常。《揭阳县志》有载，“谓室女（即未嫁女）为某娘”，如潮剧中所表现的黄五娘、苏六娘等。姑娘不但能裁剪，还有一套做汤的本事，还着重突出她的爱美爱干净，显得非常能干可爱。这里，特别提到的西施舌，是一种潮汕地区产的蚌类，盛产于韩江、榕江一带河海交汇处，其肉呈舌状，以之做汤最美。清顺治《潮州府志》载：“月姑形如蛤蜊，稍长，肉白如截肪，其形舌也，故名。”《澄海县志》又载，翁万达故乡鮀江举登村盛产西施舌，且鲜美胜于别处。民国间，潮汕名宿黄际遇在山东大学寝室招待梁实秋时，就有西施舌所做的汤菜，这让梁实秋赞为美味，数十年仍为之作文。

2. 潮人好食荤腥

清代饶平籍诗人郑玉壶有竹枝词《海产》：

海产

潮退落溪海作田，车螯海镜此洲便。

由来风味侬家好，拾得江珧不卖钱。

这首竹枝词勾勒出一幅渔家生活画卷。落溪，是潮汕沿海居民下水捕捞的总称。潮退之时，海边滩涂显现，便成为渔民耕种的田园，此时能得到海产，词中所列举的，车螯、海镜是蛤类总称，这些海产都丰富而易得。所以诗人也十分自豪地写下“由来风味侬家好”，于是拾到江珧（即江瑶柱）之类的海货，就不拿去交易，而是自己留下品尝。这从一个侧面，证明潮人喜欢食用荤腥的习惯。

民国时期潮安籍诗人蔡漱六的《银鱼》：

银鱼

昏黄散步独欢娱，溪市春沽酒一壶。

借问鳞鲜谁最美，银鱼子出梅林湖。

这首竹枝词写的是诗人在黄昏时独自散步，他来到市场，并买了一壶酒。当然喝酒是需要下酒菜品的，诗人想到“鳞鲜”之类的荤腥，特别是自家家乡的梅林湖所产的银鱼。银鱼是一种透明、头平扁、口大、身光滑体细长的小鱼，其栖息于近海、河口和湖泊中。银鱼在潮菜中也有很多做法，其中最被认可的是做成冷菜小碟，就是下酒的名品。

清代澄海籍诗人杨世勋的《海乡食物十首》中，也有咏写《银鱼》的篇什：

银鱼

吴王传得脍残身，是水是鱼看不真。

秋末晚菘同煮处，一条条白白如银。

首句“脍残”出自《会稽志》所载：“越王食鱼未尽，以半弃之水中，化为鱼。因而银鱼又名‘脍残’。”因而，此诗首句的“吴王”或为“越王”之误。而“是水是鱼看不真”“一条条白白如银”，则是该鱼在水中和煮熟之后的真实再现。第三句的“晚菘”就是大白菜，李时珍《本草纲目》上说：“菘，即今人呼之白菜者。”由此可见，当今潮菜中名品“银鱼煮白菜”，在清代就已经流行了。

杨世勋还有一首《凤尾鱼》，也透露潮人爱好食用荤腥的习惯：

凤尾鱼

刺子花开刺拔肥，翩翩凤尾上台矶。

满江春水芦芽港，多少渔郎贯柳归。

这首竹枝词虽然都是在写景，但是传达出潮人吃鱼要“当时”的要则。首句以潮谚入手，春日刺子花开时，凤尾鱼（刺拔）正是肥美阶段，最宜食用。

丘玉麟的《食蚶》，也是主打一个“当时”：

食蚶

下地高天汝共三，云和一曲古今谈。

可能权作人间妇，共试珠池二月蚶。

这首竹枝词写得极为风雅，先以一个“汝”字，点出天地人三才之格，接着就是这个汝能鼓云和之弦，那肯定是极有才情之人；而这样有才情的人，权且下凡到普通人家当妇人，而下凡的目的就是来试“珠池二月蚶”。这种写法，从侧面说明珠池蚶足以吸引仙人下凡，所以其为人间美味，便不言自喻了。看官应该注意，这里提到“二月”，就是蚶最肥美的“当时”。

珠池，是旧时汕头东部滨海的乡里，现在已经并入市区，不过尚有珠池路、珠池医院等一系列地名，见证着历史沧桑。珠池蚶，也称赤沙蚶，以其不含泥污杂沙而备受青睐。可惜的是，随着城市化的发展，珠池蚶这种美味早已经退出历史舞台了。但是赤沙蚶在河浦一带还有养殖，这足以令潮汕食客继续饱口福。

3. 潮菜中的山珍野果

范彪《茶阳竹枝词》中有《山货》：

山货

一朝社雨遍家家，苦笋新长蕨正芽。

无数山前山后女，筠蓝布袋竞相夸。

这首竹枝词鲜活地描绘了潮属客家地区竞收山货的情景。正当春雨时节，万物滋润，山里到处萌发着竹笋、蕨芽。这些正是潮菜的重要食材，所以山中的姑娘们纷纷出动，前往摘采。欢快的场面，既渲染出浓浓的春意，也写出潮人对美食的厚厚爱意。

清末大埔籍诗人、琴家郭铨的《潮州竹枝词》有《壶菜》：

卖菜

穿云小艇织如梭，卖菜声声绿过河。

未了尝新瓜价贱，隔江又听采菱歌。

这首竹枝词所写的是，江上卖菜的小艇来来往往，吆喝声不绝于耳；新出的瓜尝新才几天，又有新菜出现，立刻就掉价了；瓜季还没有过去，采菱的歌声就响起来，新鲜的菱角又将上市了。诗人把各种瓜果的季节写得如此紧凑，从侧面反映潮菜食材的丰富和适时。

上引两首竹枝词，一从山货入手，一从水贩入手，虽然所写风物各异，但是物品丰富，得以完全呈现。此外，还应该注意到，在这两首竹枝词中，都有对时间的特定描写，由此可知即便是素菜，潮人也讲究要食“当时”。如《海阳县志》所载，龚澄轩的《潮州四时竹枝词》中就有《中秋食芋》，也是着重食“当时”：

中秋食芋

皓魄当头酒醒时，中秋不厌月来迟。

堆盘熟芋寻常物，怪底人呼剥鬼皮。

诗人原注：“八月十五，是日各家皆蒸熟芋，俗谓之剥鬼皮。”关于中秋食芋，还有传说附会，说元朝时统治者严苛对待汉人，所以以芋拜月，因“芋”与“胡”近音，芋头就是胡头。剥鬼皮，也暗含对统治者的不满。其实，中秋正是芋头成熟之时，所以有中秋食芋的习俗。

潮菜食芋的习惯，至少可以追溯到宋朝，苏东坡的《煨芋帖》就写到潮人吴复古传授他以湿纸包裹后煨之火，“熟乃热啖之，则松而腻，乃能益气充饥”。为此，苏东坡还写有《除夕访子野食烧芋戏作》：“松风溜溜作春寒，伴我饥肠响夜阑。牛粪火中烧芋子，山人更吃懒残残。”牛烘煨芋，如此生活化的场景，反映近千年前潮汕人民较高的烹饪和饮食理念。

4. 潮菜的传播

清光绪二十一年（1895年），广西荔浦人潘乃光参加一个外交使团，路过新加坡，在当地品尝到潮菜，然后写下竹枝词《海外潮菜》：

海外潮菜

买醉相邀上酒楼，唐人不与老番侔。

开厅点菜须庖宰，半是潮州半广州。

这首竹枝词一着笔就是作者与同伴相邀买醉，可能是吃不惯外国菜，所以他们特地找了一家中国菜馆。到了中国菜馆，他们发现，菜品多是潮州菜和广州菜，由此可见潮菜在清朝末年早已经传播到东南亚，而且成为当地菜馆主要菜品。

特别应该注意的是，第三句写道“开厅点菜须庖宰”，说明当时海外潮菜已经讲究现点现宰现食，也就是重视食料的生猛。不过，我们现在不能确定的是，这种习惯，究竟是从潮汕传向海外，还是在海外回流潮汕的。

5. 潮汕工夫茶

潮人的饮食怎么也离不开工夫茶。潮汕工夫茶可谓源远流长。清末入籍海阳的台湾名诗人丘逢甲的《潮州春思》竹枝词系列的《处女泉》，就特地写到工夫茶的饮食习惯：

处女泉

曲院春风啜茗天，竹炉榄炭手亲煎。
小砂壶瀹新鹪嘴，来试湖山处女泉。

潮汕地区前代的竹枝词创作，以及留下的丰富作品，既成为这一文学体裁在本区域发展的重要文献，也影响着后世诗人的创作习惯。特别是岭海诗社成立之后，有意识地推动，使潮汕竹枝词和其作品中潮菜文化更加丰富多彩了。

张华云竹枝词中的潮菜文化

张华云（1909—1993）是潮汕地区早期知名的潮剧大师，广东省普宁市燎原镇泥沟村人。潮剧编剧、诗人、教育家。1934年毕业于中山大学文学院历史系。长期从事教育工作，曾任普宁简易师范、广东省立韩山师范学校教务主任。1938年任中共创办的西山公学校长。1939年后在潮汕各地从事中学教育。1950年，于普宁兴文中学任校长的张华云应李雪光之邀请，担任汕头市第一中学（前身为创办于1904年的华英中学堂）的第一任校长。1952年后任中国民主同盟汕头分部主任、农工民主党广东省委常委、政协汕头市委副主席、汕头市文联副主席。1954年在汕头市第一届人民代表大会上当选为汕头市副市长。1981年出任汕头市政协委员会副主席。代表作有《潮汕竹枝百唱》《张华云喜剧集》和诗集《筑秋场集》等。

潮州工夫茶歌

闽粤地相接，姻娅[1]不断绝。
五娘适陈三，荔枝为作伐。
山水相连系，名茶并英发。
饶平岭头白，溪茗铁观音。
嫩芽化畲粉，条索窈窕褐。
一斤四十泡，三杯无余缺。
潮人无贵贱，嗜茶辄成癖。
和爱精洁思，茶道无与敌。
水火器烹饮，茶艺至精辟。
薄锅沸清泉，泥炉炽榄核。
罐推孟臣小，杯取若深洁。
西湖处女泉，桑浦龙泉液。
四指动飞轮，涤器净且热。
柔条围细末，首冲去浮沫。
关羽巡城流，韩信点兵滴。
罐干茶云熟，饮尽不见屑。
一冲号为皮，流香四座溢。
二三冲为肉，芬芳留齿颊。
四冲已云极，清风生两腋。

①姻娅：亲家和连襟，泛指姻亲。

脑海骋奇思，胃肠清宿食。
匪独疗干渴，夏兴冬不息。
不可一日无，百郁俱辟易。
潮人多远游，四海留踪迹。
偶逢故乡人，同作他乡客。
共品三两杯，互通乡消息。
乡思起莼鲈，乡情如胶漆。
因知工夫茶，最具凝聚力。
昔人开其端，历代有增益。
乃成茶文化，世世沐膏泽。

张华云是较早研究潮汕工夫茶的学者，早在20世纪80年代他就撰写《潮汕工夫茶道》连载于《国际潮讯》第13、第14期。在论文中，他提出了“潮汕工夫茶是茶文化的高峰”；同时，他还将潮汕工夫茶道的精神归纳为“和、爱、精、洁、思”五个字，这也是迄今为止，对潮汕工夫茶精神最为精准的归纳。

张华云对于工夫茶的热爱，在《潮汕竹枝百唱》中，也略可以看到，他用了5首的篇幅来描述他所钟爱的这一饮品。首先，他以《小壶茶》来归纳潮汕工夫茶。

小壶茶

高山山上沐烟霞，水冽风清瑞草芽。
名利场中多秽气，平居莫废小壶茶。

茶树生长于高山之上，茶叶在云雾迷蒙之间，不仅吸收了日月精华、山水灵气，也保养了娇气；摘采之后，经过茶农的精制，置放在锡筒、陶罐，保存了清香之味。而且潮汕工夫茶所用的茶具，也是极其精美的，如茶炉要用小红泥炉，茶锅则是缶制小锅，茶壶通常要宜兴紫砂小壶。

茶壶，潮人称之为冲罐、苏罐，其以小、浅、齐、老为佳。这保证了器具的精美、酿味，且不蓄水，确保茶汤的质量。有了好的茶汤，还要懂得怎么喝茶，张华云对此有《宜细品》一章。

宜细品

一饮芳香喉吻清，再饮风从两腋生。

小杯高雅宜细品，莫要沧海饮长鲸。

曾有外地青年学者来舍下闲坐，我泡工夫茶侑客。他质问，潮汕工夫茶并不能解渴，为什么你们这么喜欢它。听到这个疑问，我也有些迟疑。只是说，要解渴那就喝白开水了。

张华云这首竹枝词，提出工夫茶喝茶的要旨是“小杯”“细品”，慢慢地喝，一饮芳香，再饮风生，渐入佳境。只有这样的仔细品尝，才能带入工大茶的另一功能，让人启智和益思。他又有《益意思》。

益意思

秀水明山绽嫩芽，泥炉沙罐瀹新茶。

三杯沁到灵台际，酿作仙人顷刻花。

张华云认为：“饮茶要有祥和的环境，如‘暖日和风’‘明窗净儿'‘假日休息'‘久别重逢'‘良朋欢聚'‘集体创作'。在这样的场合，正是非茶不可。高尚的情谊，互相尊重的心，溶化在高洁的工夫茶中。通过品茗谈心，离情别意表达了，共识提高了，不同见解趋于一致了，友情进一步发展了。”

工夫茶所用茶叶，多为乌龙系。福建岩茶、铁观音，本地的单丛，都是首选。张华云另有《种茶》。

种茶

凤山凤水种茶家，上有奇兰下白茶。

水冽山青香透骨，云深雾重孕新芽。

原作有附注：“我们潮汕饶平全县出茶，可称茶县。凤凰（现划归潮安区管）所产之鸟嘴、奇兰单丛、浪菜都是很高级的茶，早就驰誉海内外。近年岭头朱坪所产的白叶单丛亦极佳。揭阳有宝山茶，普宁还有山民自种自制的炒茶，其一级茶也绝佳，可惜的是产量不多。”

虽然潮汕人这么喜欢喝茶，但是潮汕地区的茶馆，又很不容易开张，也不容易持久。张华云颇为此惋惜，他写有《茶风》竹枝词，表达这种情感。

茶风

台湾茶艺兴方浓，茶道东洋日正中。

沪上新兴茶艺馆，特区莫刮刹茶风。

他认为：“工夫茶是所有所同爱，并不止知识分子和商家始爱工夫茶。补鞋、卖青草、理发店都摆设工夫茶。”“工夫茶融合道德、艺术、卫生、科学、哲学于其中，使人人格高尚，有情谊，有道德，益思启智。”

1984年，张华云以“潮汕不可无诗”的纲领，联合潮汕地区18位文化界名士，倡办汕头市岭海诗社，并成为首任社长。其诗集有《筑秋场集》。尤其注重竹枝词创作，有《潮汕竹枝百唱》梓行。张华云的竹枝词作品中，有不少是涉及潮菜文化的。除了上述的潮汕工夫茶之外，还有以下系列创作。

1. 潮菜菜品中的海鲜

潮汕地区背山面海，所谓“近山吃山，近海吃海”，所以潮人养成爱吃荤腥的习惯。张华云的竹枝词就有《爱吃腥》，高度提炼潮人的饮食习惯：

爱吃腥

青山靠背海临门，不忌腥膻爱吃荤。

喜啖龙虱医夜尿，相争冒死食河豚。

在这首竹枝词中，以两个例子证明潮人爱吃荤腥：其一是龙虱，即水龟，是水栖的爬虫，据说它可医治小孩夜尿，所以常常有人将之烤熟作零食，或者当成药物售卖。其二是河豚，潮人俗称为乖鱼，它的肝脏和卵巢有剧毒，但是极为美味，因而有潮谚曰“试死食乖鱼”，所以虽然屡有因吃河豚致死的事例，但也阻止不了潮汕对美食的追求。

笔者曾有一次在深圳的潮菜馆体验过“全乖宴”。刚上桌，就是一碗“乖肝”，真是美味无比；继而就是各种手法所制的乖鱼肉，全方位体验到潮菜师傅细构食材的本领。不过，还是善意提醒各位看官，食用河豚还是要特别慎重才好。

潮菜筵席，重头菜品，往往是珍贵的海鲜，比如《龙虾》：

龙虾

兜鍪铠甲老英雄，白肉红皮变色龙。

尤物频年声价大，只因饮食尚潮风。

龙虾坚甲虬须，貌甚英伟，在水中浑身呈青褐色，这也是海中鱼虾的掩护色调；煮熟后则甲变红色，而肉白如雪。这与虾的特点相同，而因其英伟的形貌，所以被称为龙虾。据说，改革开放后，龙虾运销香港，声价骤增，以至张华云感叹说："物也有时运也。"

现在，潮汕地区本港所产的龙虾，已经不足以供应潮菜筵席之用，因此从全国各港口引进，更甚至于在全世界各港口进口，比如被简称为"澳龙"的澳大利亚龙虾就是潮菜新宠。

龙虾在潮菜中，不仅是通过蒸煮、蘸盐等方式进食的熟食，还可以做虾生、生腌等生食料理，此外还引进了诸如沙拉等其他菜系的制作方法，甚至不少商家开创了"一虾多食"的料理方法，可以虾生、蒸煮、蘸盐、煮汤、煮糜等。

与龙虾的高大威猛形成对比的是小巧而鲜美的薄壳，张华云竹枝词对此有描写。且看《薄壳》：

薄壳

西风海上气萧森，聚族滩涂结连襟。

秋月明眸金不换，挑动行人故园心。

薄壳的学名叫寻氏肌蛤，别名颇多，通常称为海瓜子。潮汕地区沿海的外湾、岛屿、滩涂都盛产薄壳，如濠江的广澳、南澳的后江，以及饶平

龙虾

收薄壳

汫洲等。

张华云以诗人的眼光发现，“薄壳形似美人眼，单眼皮俗称薄壳目”；同时，他也紧抓住潮菜中薄壳的食法，不管是炒，还是煮，都要加金不换，不仅可以辟腥，还可以使之味道更加鲜美。澄海盐灶地域，通过制作加工，将薄壳去壳形成薄壳米，方便食用。这一技术的成熟，不仅满足当地摊档的经营需要，还销往深圳、香港，及潮汕其他地区。而当地的商家，更是打出“薄壳宴”的品牌，通过有关部门的努力，还举办了“薄壳节”，现在已然成为该地的重要经济形式。

为了满足潮菜中的海鲜需要，晚近数十年，发展了大规模的养殖。其中对于鳗鱼的养殖，也独有特色。张华云笔下就有《特区养鳗场》：

特区养鳗场

家在蓬洲碧海旁，香闺小筑四方塘。

盈盈十五春波里，一幅云帆嫁远方。

鳗鱼是世界上最纯净的水中生物，其在河川中生长，成熟后洄游到海洋中产卵繁殖。潮人对鳗鱼的认识，见于清嘉庆《澄海县志》、清光绪《揭阳县正续志》；后者认为：“肉腴味甘，土人呼为乌耳鳗。”

20世纪末，潮汕地区的养鳗业是全国的排头兵，涌现汕头鳗联、潮州金曼、广东昂泰等著名企业。张华云笔下的特区养鳗场就是汕头鳗联的养殖场，其地址在鮀浦的金陇村，因而张老下笔就是“家在蓬洲碧海旁”。但是在改革开放之初，诗人更注重的是养殖业所起到的经济价值。

2. 潮菜中尤为注重肉食

在潮菜肉食中，三鸟的成分很高。特别是鹅，潮人还特别培殖出独有品种狮头鹅。这也为张华云的竹枝词提供素材，且看《狮头鹅》：

狮头鹅

春池呷水冰朝霞，不吃鱼虾吃菜瓜。

昂首肥臀颠步履，馋涎滴尽癞虾蟆。

狮头鹅是潮汕特有的品种。狮头鹅的羽毛为灰褐色或银灰色，腹部羽毛为白色，极耐粗饲、食量大，行动迟钝，觅食能力差；体态肥硕，成年公鹅体重可达10至12公斤，成年母鹅体重可达9至10公斤。这种鹅头大而眼小，头部顶端和两侧具有较大的黑肉瘤，且随着饲养时间的增长，肉瘤不断增大，形似狮头，故名为狮头鹅。

狮头鹅的故乡是我市金平区的月浦村。20世纪50年代，月浦因饲养狮头鹅成绩优异，得到国务院发状奖励。狮头鹅分布于澄海、潮安、饶平等地，在饲养推广过程中，狮头鹅也被不断杂交，品种逐渐不纯，现澄海白沙农场正在对这种独特的鹅种进行保种的饲养。

狮头鹅的雏鹅适应外界环境的能力不强，因而要精心喂养，注意保暖、保湿。通常情况下，冬末至春初成长起来的狮头鹅，被称为头料，最为美味；春后成长起来的狮头鹅被称为二料，体重和滋味稍差。

卤狮头鹅是潮菜的传统名菜，以其肉质肥美、香滑入味、肥而不腻而备受追捧。以卤制鹅头、鹅掌、鹅脚和鹅肝、鹅胗备受青睐，尤其鹅头，因为其肉瘤经卤制之后，特别柔软且美味，以至单是一个鹅头就常常卖到千元以上。

潮汕各地因卤鹅，涌现不少著名商家和能工巧匠。如澄海王松发号，在20世纪80年代就有著名卤鹅好手，且看张华云这首竹枝词《喷咕卤鹅》：

喷咕卤鹅

名标喷咕籍莲阳，京烤粤烧较短长。

下酒最宜头脚翅，助餐尤喜烂咸香。

张华云认为，潮人爱吃卤鹅，犹如粤人之爱吃烧鹅、京师之爱吃烤鸭也。他这首诗中所谓“喷咕卤鹅”是指澄海莲阳乡敕书楼前路的王松发号卤鹅店，该店有超过百年的历史，其卤鹅更是名扬海内外。张华云所认识的王松发号卤鹅店的老板人称“喷咕”，人人都知道他的这个外号，反而真名就没人能记起了。从这首竹枝词中，可以看出，张华云认为卤鹅要达到“烂”“香”“咸”的程度，才算佳品。他有一段文字这样描述王松发的卤鹅：“卤鹅要卤得烂，烂则失重，故一般皆熟而不烂，以保持其重量。喷咕卤鹅特点在于不怕失重，又用好豉油，咸度足。还放进肥膀。卤钵长期使用，不洗涤更换，陈陈相因，故其卤鹅烂而咸香，尤其是筋骨，愈嚼愈有味道，确有特色。”

相比于鹅，潮菜中对牛肉的钟爱，就更加有趣。因为本区域内并不擅长肉牛的养殖。但是，潮菜的牛肉火锅、牛肉丸都是重要的饮食品牌。张华云笔下有《沙茶牛肉》：

沙茶牛肉

北吃涮羊南吃蛇，侨乡牛肉涮沙茶。
芳香热辣风情美，半属番家半汉家。

牛肉火锅是潮菜的一大特色。而其所用的蘸料沙茶，也是颇有特色。沙茶由马来西亚、印度尼西亚传入，以各种香料和鱼虾脯，以及糖、盐、辣椒等制成，潮人复加料并制成沙茶酱。汕头市的“迎春楼”牌沙茶，更是潮汕沙茶的名品。张华云认为：牛肉火锅涮沙茶是“汇合南洋食风与潮汕食风而成，颇有特色”。

潮汕地区牛肉火锅所备受的热爱程度，从每天所屠宰的食牛数量可见一斑。有人专门探访专业收牛皮的商人，他们所提供的数据，基本可以确定，仅汕头市一个区域，每年所屠宰的食用牛就达到1000头以上。

几年前，江西师大教授、著名女诗人段晓华女士来汕交流，我负责接待。她刚刚到汕头的第一天，我问她晚餐怎么安排，她说：“吃素一点就好了。”我跟她说：“如果想吃素点的话，那就牛肉火锅吧。”在我鼓动下，她还是试了一餐牛肉火锅。吃后，她十分不可思议地说，这是她第一次试着光吃肉就可以过一餐的经历。

3. 潮菜中的素食

潮汕地区的筵席，压轴之作一定就是素菜。这是鲜鱼美肉之余的饮食平衡，同时历代潮菜名厨也发挥聪明智慧，将素菜发挥出独特的水平。如《护国菜》：

护国菜

君王蒙难下潮州，猪嘴夺粮饷冕旒。

薯叶沐恩封护国，愁烟惨绿素珍馐。

这或者只是这一菜品的故事，而它能成为筵席菜品，还是经过潮汕历代名厨的奇思妙手，化腐朽为神奇。通常会把薯叶的叶柄、叶脉连同它的苦涩一起去掉，只保留它的碧玉般的叶绿素，同时加以高汤（鸡汤）、草菇等，使之味道得到提升。这道菜品的特点是烫、香、滑。张华云认为：“护国菜就好在看不见和吃不出的油脂味。”

潮人喜素食，还与宗教信仰有关。汕头小公园的国平路市佛协驻地就曾办过“居士林”素餐厅，张华云笔下也有描述。且看《居士林》：

居士林

思甜一席累千金，忆苦来登居士林。

素鸭素鸡瓜菜代，孤寒雅集穷开心。

张华云认为：“素食可以减肥美容，合乎美学和生理卫生的要求。虽是小家碧玉，却亦各有风骚。”其时，居士林所经营的素菜，常以面筋制作素鸭素鱼之类，张华云对此不以为然，他委婉地提出批评：“菜肴名称多沿称素鸡素鸭斋粿肉，不单不能调动人家胃口，反而喊起瓜菜代的回忆。须知大有大的捧场，小有小的格局。各自扬长避短，方能立足。”居士林素菜馆早就退出历史舞台，但是现在潮汕地区素菜馆还有不少，他们也难免步居士林的后尘，推出荤面的素菜，故而张华云当日之议，现在看来尚不过时。

说到素菜，说到诗词，就不得不提到一场岭海诗社雅聚。1990年春节，诗僧释定持法师邀请岭海诸老聚会于竹林精舍。为了活动用餐需要，法师专门请汕上名厨提前两天到精舍准备食材，推出一场素宴。数年前，这位当年掌厨的厨师跟我讲述当年素宴的制作，说了一句：“已经不可能再有那样精美的素宴了。”

潮菜素食，还与粗粮有关，特别是番薯所扮演的独特角色。番薯，就是地瓜，以其为来自番邦的粗粮，故名。番薯还有多个品种，从马来西亚沙捞传入者称为沙捞薯，从文莱传入者被称为文莱薯。此外，经过历代的培育，还创造出白菊花香种薯、韭菜薯、鸡爪薯等品种。张华云的《潮汕竹枝百唱》中有《番薯二首》，分别以《常客》和《稀客》为题，足以证明潮人饮食习惯的蜕变。

常客

番邦来结众生缘，下入猪槽上酒筵。

每与精粮争相帅，亦偕甜竽作拼盘。

番薯是明万历年间由东南亚流入，所以得到一个“番”字头的命名。番薯以其产量之大，成为禽兽养殖的重要饲料。而潮汕地区，地少人稠，粮食很难自给，所以常以番薯代替主食。潮谚有云“瓜果半年粮”，也就是这个意思。旧时，番薯进入潮人饭桌的方式有多种，如与适量的米合煮形成番薯饭、番薯糜，还可以贴锅边形成类似锅巴的形状，而煮汤加红糖、生姜更是夏天消暑的绝妙小食。据说，爱国华侨陈嘉庚先生曾过汕头，他对接待要求上番薯糜，并说：“非此不饱”。

随着人们生活水平的提高，番薯也换个角色，进入酒楼筵席。“每与精粮争相帅”，特别是薯芋拼盘的“金玉满堂”，以其独到的立意和主食补充作用，备受追捧。

稀客

感谢多年养育功，而今饭桌少相逢。

已将饭钵代糜钵，还见薯农转菜农。

这里的“饭钵代糜钵”，看似颇为费解。所以要回归到20世纪80年代特殊时期。在此之前，因为大米供养的限制，潮汕普通人家三餐主食基本为稀粥，所以称之为“糜钵”；随着改革开放之后，人们生活水平提高，三餐主食也变成干饭，所以称之为“饭钵”。因此，番薯就不再是主食，随之薯农也渐渐转变成菜农。

4. 潮汕小食

潮汕小食品种繁多，有不少是通过腌制用于辅助主食进食的虫鱼果菜。这也就是张华云笔下的《杂咸》：

杂咸

杂咸

腌制杂咸五味全，虫鱼果菜四时鲜。

稀糜小菜闲花草，忸忸怩怩上酒筵。

潮汕地区有一句很流行的食谚“一碗白糜和它的后宫”。潮菜中的小菜菜品之多，不胜枚举，这些潮人统统称之为“杂咸”。而潮人又特别喜欢吃白糜配杂咸，常见于早餐、夜宵，还有筵席大轴之后的主食配菜。几乎每个潮汕市场，都有杂咸摊铺，专卖各种腌制的果蔬和小海鲜。

张华云竹枝词中的潮汕小食，还有《油炸豆干》：

油炸豆干

油炸豆干

脆皮嫩肉热腾腾，数九寒天汗微生。

富人吃巧穷人饱，各自领略故乡情。

油炸豆干是潮汕名小食，尤以普宁所制最为有名。油炸豆干，皮赤而酥脆，内肉白而嫩滑，称为“外金内银”，尝之又脆又软，香味久存口齿之中，以辣椒盐水酱作为佐料，更是风味独特。

杨方笙竹枝词中的潮菜文化

杨方笙，1925年11月生，重庆人，在武汉大学毕业后经香港来潮汕。参加过武装游击战争。历任广东金山中学副校长、潮安高级中学校长、汕头师范学校校长、汕头市教育学院院长、汕头市教育局局长等。任潮汕历史文化研究中心研究员、《潮汕历史文化小丛书》（40册）编辑委员会副主任、汕头市老年大学副校长、汕头市岭海诗社顾问，笔耕不辍，主编和撰写大量文化论著、小说和诗集。其中，诗集有《此中人集》《此中人集（续）》《此中人集（再续）》《此中人集（三续）》《广竹枝集》《广竹枝集续》《饮潮集》等计8册，其中收录大量竹枝词作品。此外，他还写下大量与潮菜相关的诗词，如《潮菜》五律、《潮菜纪事诗》8首七绝、《清平乐·潮菜八题》《鹧鸪天·下厨》《鹧鸪天·食蟹》等。

杨方笙在潮汕历史文化研究中心工作期间，提倡潮菜研究，并出版有《潮州菜与潮州筵席》一书。为了编写这本书，他搜集大量的饮食文化方面的书籍，同时与潮菜特一级厨师朱彪初交流，从而形成在文化视角、历史视野抒写潮菜的特点。该书出版时，他还写下一首七绝：“浮生半世托南溟，也效潮人喜食腥。牙齿已摇浑不觉，却将竹帛写庖丁。”可见他对潮菜的热爱。

杨方笙对潮汕竹枝词是有其独到理解的。他曾出版《潮汕竹枝百首疏解》，推介历代潮汕竹枝词精品。这成为其竹枝词创作丰厚的底蕴，因此所作也就能独辟蹊径，自成面目。他笔下潮菜题材的竹枝词，注重场面，呈现独特的生活气息，勾勒出潮人饮食的基本特征，以及随着时代推进潮人饮食与其他菜系的交流整合。

1. 潮人喜食腥

在上引七绝中，杨方笙提到“潮人喜食腥”，所以在他的竹枝词中，也很着重于此。如《潮菜大排档》：

潮菜大排档

潮菜能将众口调，大排档里酒香撩。

鳙鱼食头鲩鱼尾，青蟹秋凉满腹膏。

这首竹枝词的首句“潮菜能将众口调”，以“川籍潮人”的杨方笙在诗中写出，本身就颇具说服力。而笔者有一次出游的经历，能与杨老这首竹枝词引发共鸣。有一次到江西上饶参加一次诗事活动，总共10天的行程，我们见识了上饶民众吃辣的本领。在我们将回汕的前一天，接待方负责人说，当天晚餐他将以家宴接待我们。当晚，他把我们带到他的工作室，上菜时居然就是汕头菜；看出我们的惊疑时，主人介绍，他工作室有三位厨师，其中有一位是汕头师傅，他接待全国各地的客人，都是由汕头师傅掌厨。

这首竹枝词所题的“大排档”，是潮汕地区食肆的主要形式，其以开放明了、物美价廉的特点，颇受潮汕民众青睐。而大排档中的经营，就突出了潮人好腥的特点，词中提到“鳙鱼”“鲩鱼”和“青蟹”，都是荤腥之物。鳙鱼，潮人俗称为“松鱼”；鲩鱼，潮人称之为“草鱼”。松鱼食头、草鱼食尾，正是潮菜精明之处。而“青蟹”食用最佳时间是秋凉时节，所谓“秋风起，蟹正肥”。

汕头市西部有牛田洋，以其咸淡相兼的水质所养的青蟹最负盛名。清人屈大均在《广东新语》中有载：“蟹以潮之消长为多少，潮长则蟹少，退则蟹多；盖水淡则蟹多肉，水卤则蟹多膏。”牛田洋青蟹，就非常符合屈氏所说的“蟹多膏”的特征。杨方笙对牛田洋蟹的喜欢，还体现在他其他诗词创作中，如《忆江南·牛田洋采风行》六首中第四首就写道：“祥福好，红树浪声哗。姜醋恰宜金壳蟹，椒盐巧蘸野沙虾。风味此番佳。”第五首则写道：“祥福好，八月海风吹。满壳亮金膏蟹美，一团软玉大蚝肥。扶得醉人回。”都是在写品尝牛田洋青蟹的快感，词中的“八月海风”正是强调秋风之意，而姜醋蘸蟹，也是以姜醋之热抵消蟹的寒性，再次展现潮菜饮食的养生效果。

杨方笙笔下的潮人爱吃鱼腥，还体现在将鱼肉进行深加工之上。如《鱼丸》：

鱼丸

纤手端来一碗珠，汤清水淡味芳腴。
鱼丸最是达濠好，尝遍全潮总不如。

鱼丸是将鱼肉拍打成泥，并加入适量的蛋清、佐料拌匀，然后把黏胶状的鱼肉泥握在手心，用力把肉泥从食指、拇指之间挤出，放进温水中煮至水沸时鱼丸随之浮起，即形成“洁白细柔”的珠状。鱼丸的食用更是方便，只要清水将鱼丸煮沸，加入简单的配菜，如紫菜或者珍珠菜、生菜等，加入少量的精盐，便是满口的鱼鲜味、菜鲜味，真是“汤清水淡”，而酥脆爽口的食用体验，更是让人相信杨老笔下“芳腴”之味，绝非虚词。

潮汕地区的鱼丸，的确是达濠所产为最佳。相传在宋明时代已经基本形成鱼丸的制作工艺，而康熙、乾隆年间，更是伴随着达濠的商船传播到海外。而今，达濠鱼丸是非遗项目，也是潮菜手信之一。而主要品牌“晶华鱼丸”更是入选“广东百种传统特色小吃”。

杨老还写到潮人对鲜腥深入制作的另一个典范——《蚝烙》：

蚝烙

鼎摊蚝烙厚煎油，翠绿芫荽撒上头。

何必庖龙才是味，寒家得此亦珍馐。

蚝烙是潮汕地区传统的食品。相传，汕头开埠之初，在安平路漳潮会馆左旁就有一些经营蚝烙的小吃店，由于相邻经营，所以各摊档之间就相互攀比制作的精良程度，因而有“老会馆比蚝烙”的俗谚产生。20世纪30年代，在升平路西天巷又相继出现杨二、胡锦兴、姚老四等蚝烙摊档，他们也是各自设法提高烹制技艺和质量，从而形成驰名海内外的“西天巷蚝烙”。

鲜蚝，即牡蛎。蚝烙，即以鱼蚝为主料，以薯粉配料，加葱料拌匀之后，放在猪油煮热的平底煎鼎（潮汕方言称炒锅为“鼎”），用旺火烙煎，淋上鸭蛋浆，煎至两面金黄，就算完成。上锅之后，放上洗净切碎的芫荽，可谓色香味俱佳。再调配上胡椒粉和鱼露合成的蘸料，那真是外酥内嫩，香脆鲜美。

汕头为韩、榕、练三江汇合出海之处，咸淡相兼的水质，使附近海域出产大量鲜蚝。但是鲜蚝过于腥厉，食用不慎或者过量食用，往往会吃坏肚子，所以先民以猪油的肥腻化其厉，而蛋、面使之更符合主食的功能。蚝是过去渔家珍品，然而随着时代的推进，也堂而皇之成为潮菜的重要菜品和品牌。

潮人吃腥，也不尽然是为了吃饱。有时候，仅仅是为了品尝独特的味道，有时则是为了寄托乡愁乡思。如《石螺》：

石螺

饱食终朝莫奈何，活鱼鲜蟹已嫌多。
阳台几个归侨伯，爱对秋风嘬石螺。

吃得太饱了，大鱼大肉、活鱼鲜蟹，已经成为负担。所谓“食饱找巧”，那么炒石螺就成为潮菜中的一道独特的美食。潮汕夜宵，称为“食夜糜”，几只小小的石螺，就是配糜的妙品；有时几位朋友一起喝啤酒，那么炒石螺就妙不可言了。潮汕俗谚还有“清明螺，肥过鹅”之说，其实正是映射出饱食之后寻巧的话语。

潮菜炒石螺有很多种做法：如金不换炒石螺，肉质细脆，加上金不换鲜爽之气，就是夏季下酒消暑的绝佳选择；而沙茶酱炒石螺，那就是潮汕人才能懂的海洋风味；菜脯炒石螺，完全可以丰富石螺在口感上的层次；香茅炒石螺，呈现出来的浓浓柠檬味，颇具异国风情。

而杨方笙笔下，则更多地赋予石螺以乡思乡愁。几位归侨团坐在阳台，对着秋风嘬石螺，着意写出的闲情，正是他们从海外回到国内的自在。

潮人在爱吃腥的前提下，还重荤素搭配，营养并重。杨方笙所作竹枝词《菜市》，就勾勒出这一概况：

菜市

菜市喧阗拂晓开，主翁主妇挤来回。
几番议价钱过手，翠筍红鱼入馔来。

这首竹枝词的表达，显示杨方笙高超的创作水平。虽然写的是菜市经营、购买的情况，但是收结处不经意的翠筍（笋）、红鱼，不仅有“筍”“鱼”的荤素搭配，还有“翠”“红”的色彩搭配，潮菜的艺术语言由此可见。

2. 饮食多样化

虽然潮菜有“调众口”的底蕴，但是处于海滨的开放城市，汕头的饮食还是呈现包容和开放态度。杨方笙就曾以《饮食多样化》为题写下竹枝词：

饮食多样化

饮食多元自在挑，茶楼广式闹嘈嘈。
四川火锅淮扬菜，肯特鸡偕汉堡包。

岭海诗社有好几年的活动，都在君华酒店的茶座举行雅集；其时，我多次与杨老同席，品尝广式茶点，谈论诗词。可是，当我看到他的竹枝词

《广式早点》时，便自愧只顾吃饭和聆听而一直未能找到可以入诗的饮食场景，但是耄耋之龄的杨老就敏锐地捕捉到了。请看：

广式早点

煎堆肠粉共叉烧，美点佳茗自在挑。

两件一盅才半饱，动人怜处是新潮。

第一句就连续摆出三种广式茶点的主要品种，所营造出来的正是广式茶楼独有的气氛。而美点、佳茗，让茶客自在挑选，服务人员推车到桌，要什么点什么，立即就上什么，这也是广式早点的特点。

广式茶点的小巧分量，往往很难让茶客感到吃饱，只适合特定的人群泡茶楼的习惯，可以慢慢叫、慢慢吃、慢慢泡。虽然这种习惯不大适合汕头人，但是广式茶楼出现在汕头的酒店、综合体，不仅是潮汕人饮食多样化、包容化的体现，更是其“新潮”的生活形式让人喜欢。

3. 粗食与小食

潮人爱吃粗粮的习惯，在生活困苦时代，是为了吃饱的需要；但是随着大众生活的改善，粗粮成为“食饱寻巧”的需要，更是饱食的必要补充。如《粗粮野菜》：

粗粮野菜

刁钻品味逐时鲜，久饫鸡鱼也觉嫌。

厚合粗粮番薯叶，昂头挺肚上高筵。

番薯叶制作成护国菜是潮菜的特色，这算是粗菜精制。但是，随着大家饱食之后，炒薯叶也成为不少筵席的压轴青菜，以至有菜农改良番薯品种，种植蔬菜薯叶。当人们一餐饱食之后，一盘碧绿的薯叶，不但有解腻的功效，更能引发对艰苦岁月的回思。

而《膏烧薯芋》，则是粗菜精包装的典范：

膏烧薯芋

芋头番薯育乡民，粮蜜膏烧亦可珍。

上桌顿添身价贵，一条金间一条银。

随着经济生活的发展，番薯早已经不是潮人的主食，但仍是潮菜中巧食的果蔬。特别是酒楼宴筵中，出现红烧番薯与反砂芋拼盘，以其色彩黄白相间，故而雅称为“金玉满堂”。这也是这首竹枝词中所说的“一条金间一条银”了。

有研究者发现：“在中国的文化史上，有一个共同的特点，那就是凡是有悠久文明历史的地方，必定有那个地方的特色小食。”潮汕地区丰富的小食资源，从一个侧面反映地方文明史的悠久，更是潮汕人民智慧的结晶。

潮汕小食在很大程度上是充当副餐的作用。如杨方笙所作竹枝词中，对汕头经营小食的店肆“老潮兴”的描写：

老潮兴

潮州小食最知名，桃粿嫣红虾蛟莹。

年节热销鼠麴粿，问途直到老潮兴。

词中介绍了“老潮兴”店中经营的项目，提取了“粿”和“虾蛟”，这些在现实生活中是起到副餐的作用，足以让人饱食。而过年热销的鼠麹（粬）粿，则是潮人在传统节日中制作粿食的传统；在潮汕每一个传统的节日，都有相应的粿食，这不仅是潮汕小食多样化的实证，更是小食就足以支撑起店面的经营。老潮兴因对潮汕传统小食经营的贡献，被评为非遗项目。

潮汕小食的丰富多样还与潮汕人喜欢喝茶有关，杨方笙竹枝词《工夫茶》，勾勒出潮汕人对饮茶的钟情：

工夫茶

茶同米等不能无，一日三冲至日晡。

酒四茶三随意侃，乌龙好水孟臣壶。

我小时候经常听我父亲说：“人生拼到死，为着三样米，白米、黄米和乌米。”这里面的乌米，就是茶叶。旧时，潮汕工夫茶多用铁观音，其茶叶如珠似米，所以潮人往往把茶叶称为茶米。这一称谓，不仅仅是形象的原因，更重要的是潮汕人生活中对茶叶的依赖。所以一日数冲，从早到晚，三五同好一起随意地聊天。这样的场景看似平常，但是潮人对于工夫茶的要求还是很高的，茶叶要乌龙，水要好水，壶要孟臣。

潮汕工夫茶的特点是多茶少汤，有酽厚刮油之谓，所以喝茶过程需要小食充当茶配。这也是促进潮汕小食发展成多样化的重要条件，同时也形成潮汕小食另一生存的形态，那就是沿街叫卖。且看《小吃叫卖》：

小吃叫卖

近郊僻巷静愔愔，遥望春临绿满城。

小贩推车墙外过，糖葱薄饼唤声声。

词中提到一种独特的潮汕小食——糖葱薄饼。这是有数百年历史的小食，明代潮州知府郭子章在《潮中杂记》中有“潮之糖葱，极白极松，绝无渣滓”。这种小食由两部分组成：外皮称为薄饼，由面粉和水揉成软团，在烧热的平底锅中猛力一贴，然后迅速拿起，备用；内馅称为糖葱，是用白糖和麦芽糖煮制而成，掺配少量面粉，使之成饴，具韧脆之质，再把它制成带有葱孔的长方形糖块。在包制时，先张开薄饼，放入糖葱，上撒芝麻，有时还放入芫荽，然后把薄饼卷起，吃起来香甜而不腻，便是绝佳的茶配小食。

黄赞发竹枝词中的潮菜文化

黄赞发，号读榕斋，1941年生，汕头鮀浦人。1962年，就读于中山大学历史系。毕业后，到牛田洋军垦农场锻炼，之后当过教师、校长。历任汕头市政府副秘书长、汕头市委秘书长、汕头大学党委书记。在繁忙党政工作之余，长期从事诗词创作和文史研究，系广东历史学会副会长、汕头市岭海诗社社长。出版著作《潮汕先民与先贤》《潮水集》，诗词集《潮水情》《潮水情续》《潮水情二续》。其诗词自然流畅，又富有哲理性，内涵深刻，既不失深沉隽永，也具清新爽利；既富于潮汕地方风韵，又具时代特色。

黄赞发创作大量的竹枝词，收录于诗集《潮水情》。虽然他在竹枝词中没有直接描写潮菜的内容，但在写潮汕节俗的篇什中，都有潮汕人度节的饮食习惯，而且把每个节日各自独特的饮食内容，通过竹枝词反映潮人饮食多样化、生活化。且看《春节》：

春节

高挂灯笼祀五牲，清晨互拜换柑橙。

堆金积玉犹藏帚，锣鼓醒狮闹太平。

似乎写的是拜年换柑、忌打扫、醒狮等活动，但是第一句却不经意地递出一个“祀五牲”，看似也是祭拜活动，事实上还是潮人饮食的习惯。

潮汕地区好祭拜的习俗，可谓海内皆知；同时，潮人“食祭余”，也就不是什么秘密了。君不见，现在不少短视频的制作，就有拍摄到潮汕后生在家里要吃东西时，都会问：“拜好未，能不能吃？”潮汕民谚也还有“老爷心，弟子肚”，说的是祭拜的祭品最后都是进入祭拜人的肚子。因此，祭拜的物品都是祭拜人自己想吃的，这也从一个侧面反映潮人的饮食习惯。这首竹枝词所交代的“祀五牲”，就是祭拜时所使用的五种荤味。五牲是可以自由搭配的，高配通常是猪头、鸡、鹅、鸭、（草）鱼，低配则是鸡、肉、（尖）鱼、（猪）肝、蛋，当然也可以在高、低配之间组合配。

至于五牲怎么配，最主要还是看家庭的经济情况，同时也得看家人饮食需求。当然，过年作为全年中最大的节日，每家每户都是尽其能力地购置较好的物品，在祭拜之余，大快朵颐。由五牲的搭配，潮人好吃肉、好吃荤腥的习惯均表露无遗。

与春节大鱼大肉不同的是，几天后的正月初七（人日），潮人又展示独特的素食文化——《食七样羹》：

食七样羹

初七七羹寄意深，合家进食福来临。
尚思游子他乡里，银箸一双盼好音。

作者自注：“七样羹所选用之菜蔬，大多谐一吉利语，以取好彩头。如大蒜为有钱算，韭菜为长久发财等等。”“潮俗食七样羹，对在外谋生未能归家之亲人也要摆上筷子，备上一份，以示一起得福。”其实，还得补充一下，食蒜不只是为了“有钱算”的谐音，更重要的是对家庭人口圆满的追求，七样羹搭配蒜的数量是与家中人数相等的，这叫“人丁蒜”，有一些家庭如有孕妇或者新婚，还会增加蒜的头数以祈望增添人口。

食七样羹在汉民族有着悠久的历史传统。南朝梁宗懔就在《荆楚岁时记》记载：“正月初七为人日，以七样菜为羹。”明嘉靖年间，礼部尚书杨廉也有诗云：“七种菜羹传旧俗，呼童办此未为难。”潮汕地区的七样羹，由芥菜、厚合、芹菜、大蒜、春菜、韭菜、芥蓝等组成，但也不是固定的搭配，有时某种菜品找不到，可以把自己喜欢的菜补上。

潮汕七样羹，分为咸、甜两品。传统人家，都是把这些羹菜用水煮熟之后，再分开各自加配料，成为两种味道的。然而，随着时代的发展，本来是素菜的七样羹，也衍生出荤煮和素煮两种方式。荤煮的，往往会加以高汤、五花肉、香菇等。

同时，人们还为七样羹注入不少文化内涵，在每一种菜品中提取了字，形成“新春大发久合人”的祝福语。也有人说“七样羹，愈食愈后生”。由此可见，潮人对自己饮食习惯的钟爱。

潮谚有云“时节食时粿”，意为潮人逢节必有粿食，如春节做鼠粬粿、社日蒸甜粿、五月节做桅粿，而最为通常的是做红桃粿。有时用面混花生米做成粿的形状，称为“新妇闲”；还可以蒸煮菜头粿、韭菜粿等。黄赞发的竹枝词《清明》中，就写到潮人制作朴籽粿的习惯：

清明

春暖莺飞待雨晴，漫山挂纸染陵茔。

丰年须记荒年事，朴叶青青朴粿情。

作者自注："潮人先民每逢荒年，常采朴籽树叶充饥。为无忘过去，潮人每于清明节采集朴籽新叶制作粿品祭奉祖先，称为朴籽粿。朴籽树，嫩叶可消风去淤。"潮谚有云"清明食叶、五月食药"，说的就是清明节做朴籽粿、五月节蒸栀粿。

朴籽粿的制作方法，是把新鲜的朴籽叶清洗后，连同大米泡于水，连同砂糖一起磨成米浆，然后装入专门的陶制模具，稍为静置之后，大火蒸20分钟即可。

朴籽叶可入药，微苦、性凉，有清热、凉血之用。所以有医家认为，朴籽粿是潮汕地区重要的"食疗药膳"。而新潮的饮食达人则认为，这是有潮汕特色的"抹茶蛋糕"。有了这些文化内涵加持，朴籽粿也获得年轻人群的认可。

黄赞发的《端午》竹枝词，虽然没有写到"食药"的粿品，但写到粽子：

端午

家家插艾望消灾，欲食粽球兴满怀。

更喜龙舟竞渡处，锣频锣急浆花开。

我稍加查阅一下，粽子虽然是全国性的食物，但是粽球似乎却是潮汕地区对它的独有称谓。这不仅是潮人对把粽子包成六角形球状的制作工艺的形象称谓，更是对独特的配料的"自负"。潮汕的粽球，不仅有荤、素之分，还有甜、咸之别。素粽球，是以糯米配花生、香菇、板栗等包成；荤粽球则会加上腐乳肉、咸蛋黄、虾米等，近年还有玩得更花的，海参、鲍鱼等也被包进粽球里。上述荤素两种粽球，都属于咸味；而甜味粽球则会用糯米泡糖，然后包以甜味豆沙、莲子等。既然有咸甜之分，也就有混搭的——双烹粽球，通过咸甜整合，一半咸一半甜，满足不同的味蕾需求。

中秋，是中华民族最重视的传统节日，团圆之节的饮食更是五花八门。且看黄赞发的竹枝词《中秋》：

中秋

芋头水果饼糕香，荡过秋千拜月娘。
莫忘当年元兵恶，高燃瓦塔照潮疆。

所谓春华秋实，中秋也是一个收获的节日，所以各种应时水果的成熟，使不少人认为这是一个水果之节。而芋头的成熟，炊芋也为旧时中秋重要的食材，不过随着食物的不断丰富，现在已经渐少见到炊芋头出现在中秋节庆场面。然而潮汕特色的糕饼，却依然长盛不衰。

以水果、糕、饼，还有工夫茶，雅聚赏月、烧塔，在近年潮汕民俗活动中可谓是风头正劲的网红。

潮汕传统节日，不仅有仪式感，还有让人参与的体会。如《冬至》：

冬至

一笳糯粉一汤锅，小孩成人一起搓。
一碗甜丸增一岁，牛头牛尾贴千箩。

作者自注：“冬至前夕，家家户户，无论老少，均围着大笳（潮汕民间常用竹编浅沿盛器）搓糯米粉丸，天一亮，人人都得先吃碗用红糖煮过的甜丸，算已增一岁。”冬至搓丸，全家参与，各人搓出来的丸，大大小小，民间戏称为“父子公孙丸”，主打就是节日气氛和参与感。

“冬至一过就是年”，《除夕》肯定也少不了食的题材：

除夕

户户鲜蚶酒亦沽，大鱼大肉喜围炉。

漂洋过海多回返，一夕团圆万象苏。

所谓年尾接年头，除夕与春节，虽然是两年却是紧接，所以它们之间的食俗就是差不离。这里有大鱼大肉，与《春节》一诗中提到的“五牲”基本可以确定为同一回事。不过，诗中又提到“鲜蚶”配“酒”的独特食法。

潮人食“鲜蚶”，其实很简单，只要把鲜蚶清洗干净之后，在蟹目水（即将沸开，水中起泡时）放入，稍加翻动，就可以出锅。出锅时，投入一把芫荽。食时，掰开蚶壳，还可以看到鲜红的蚶血，所以潮人又称之为“血蚶”；如果蚶血变黑的话，那就是过火了。备蚶蘸三渗酱，鲜美至极，再喝点酒，就有了过年气氛。

每个节日有每个节日的吃法，而贯穿于全年的，就只有《喝工夫茶》：

喝工夫茶

请得关公巡古城，更教韩信点奇兵。

红红炭火清清水，满座茶香四海情。

诗人自注：“‘关公巡城’与‘韩信点兵’均为潮汕工夫茶冲泡手法之一。前者喻将茶水依次巡回注入各杯中，使各杯量色均匀，以示主人对宾客一视同仁；后者喻将最后点滴也依次滴进各杯之中，既使均匀，也示主人之浓情厚意。”

其他诗人竹枝词中的潮菜文化

在岭海诗社的“潮汕竹枝词”创作热潮中，有不少老辈诗人也尝试这种相对轻灵的写作方式。而他们笔下所捕捉到的潮汕风物，也有很多与潮菜文化有关。

1. 潮汕风味

曾任岭海诗社副社长的陈文惠有《澄海猪头粽》：

澄海猪头粽

鹊噪枝头番客归，家乡风味尚依稀。

偶忆当年猪头粽，少东入市找老雷。

猪头粽是澄海的传统小吃，又称为猪首花，是用猪肉、鱼露、高粱酒和八角、川椒、丁香等十多种材料卤作而成，然后通过外物的挤压，将猪头粽的美味封锁在小小的长方形中。食用时切成小方块，既可以用于佐餐，又可以是零食。而猪头粽出名的应是老雷店号所出品的。这首竹枝词，写到老华侨回到故里之后，怀念着这口独特的乡味，所以让他的儿子（少东家）专门去找老雷家。

李铁生有《河婆擂茶》：

河婆擂茶

河婆村镇遍人家，等客情真款食茶。

一把春芽擂细细，吞枝咽叶觉无渣。

河婆擂茶，又称揭西擂茶。擂茶可以说是潮汕地区的客家饮食，潮汕的山区例如揭西就是客家人聚居的地方。制作擂茶的材料一般为茶叶、金不换、花生、芝麻、紫苏等，将这些放入陶制的擂钵舂捣、旋转，直到原料擂成酱状茶泥，冲入开水，就成绿油油的茶汤，有令人安宁舒畅的味道。河婆人擂茶，茶味纯、香气浓，还伴随潮人过番，传播到印度尼西亚、马来西亚、新加坡等国家。

2. 时节食时品

曾任翠园诗社社长的唐娜庄有《社日》：

社日

丰年社日喜气多，村北村南赛英歌。

邻里亲朋来聚会，共品甜粿与肥鹅。

潮谚有“营神正二月”之谓，每年春日，潮汕各乡村均有春社的习惯，每乡各有不同的日子，所以分居不同乡里的亲朋之间，也就经常利用春社的方便进行聚会串门。而社日必备的食品就是甜粿和卤鹅。甜粿是一种以糯米粉加糖搅拌均匀后，以腐膜垫底，放入蒸笼蒸煮几个小时即成的一种粿食。因为甜粿有较长的保存期，旧时过番潮人喜欢带甜粿在路途上食用，因而旧谚有“无可奈何炊甜粿”。

李绍雄的《清明“打苦刺”》：

清明“打苦刺”

苦刺芽心三月生，游春少女步轻盈。

提篮莫怕无因意，仍向新丛摘野羹。

潮俗有“无因意，提篮打苦刺”。苦刺为生长于山野间的一种灌木，通常簇生连片。清明前后，晨间到野外踏青，顺便采些苦刺当菜吃，可谓一举两得。苦刺可做羹，可以焯鲜肉、打鸡蛋成汤，味苦生甘。经过潮菜名家的开发，还研制“刺花钱葱卷”“刺花珍珠羹”“刺花韭菜春卷”“刺花猪肉丸”等美食。

3. 潮菜食材要求

陈文惠的《买蟹》：

买蟹

渔舟斜系荻花堤，上市盈筐紫蟹肥。

欲得膏红螯肉满，尖脐不选选圆脐。

潮汕吃蟹，不仅要求蟹膏饱满，还要求蟹肉鲜甜，诗人通过这则竹枝词教会看官如何选择蟹种。尖脐蟹是公蟹，圆脐蟹是母蟹，而母蟹食用口感是要胜于公蟹的。

4. 潮汕食肆

高承光的《福合埕小食》：

福合埕小食

黄滕老酒启封坛，过往阿兄且歇担。
是处墙边空坐位，热汤蟹目烫沙蚶。

这里写的是汕头市区福合埕的生活场景。一些劳作苦力，在工余借着墙脚的空座位，就着沙蚶喝酒，一种劳作过后的满足，跃然纸上。

陈文惠的《夜市》：

夜市

灯光夜市影婆娑，巷角街边食肆多。
眼下时兴新口味，泥炉猛火炒田螺。

这也是一种生活场景，既写出夜市的繁荣程度，又写出潮人饮食也追求时尚，频换口味。如这里提到的独特的口味是“泥炉猛火炒田螺”。爆炒田螺，是广府较为流行的菜品，这里特别提到是眼下所时兴，可见潮菜的包容。

第二章 小说散文

秦牧的《潮乡茶事甲天下》

秦牧先生

秦牧（1919年8月19日—1992年10月14日），原名林觉夫，小名阿书，别名派光、顽石，秦牧是澄海的骄傲，是潮人的翘楚。1919年8月19日，秦牧生于香港。3岁时随父母移居新加坡，1932年又随父母回到故乡澄海。

中国散文界的“南秦北杨”，秦指的是秦牧，杨指的是杨朔。秦牧先生曾任中华书局广州编辑部主任、《羊城晚报》副总编辑、《作品》杂志主编、广东省文联副主席、中国作协广东分会副主席、中国作协理事、全国文联委员、暨南大学中文系主任、中国当代文学研究会副会长、中国当代文学学会顾问。其文学活动涉及很多领域，主要有散文、小说、诗歌、儿童文学和文学理论等。

故乡，是一个人的文化中心地。这里面有亲缘的联系，有语言的维系，还有生活目标的形成——有人一辈子固守家园，有人立志要走出故乡。秦牧于樟林萃英学校读完高小，在2000多名考生中以第一名的成绩入学汕头一中，后来转学香港。念高中三年级时，适逢抗日战争，遂中止学

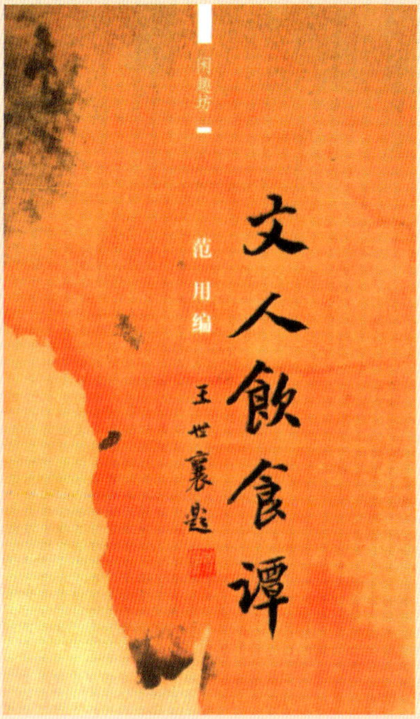

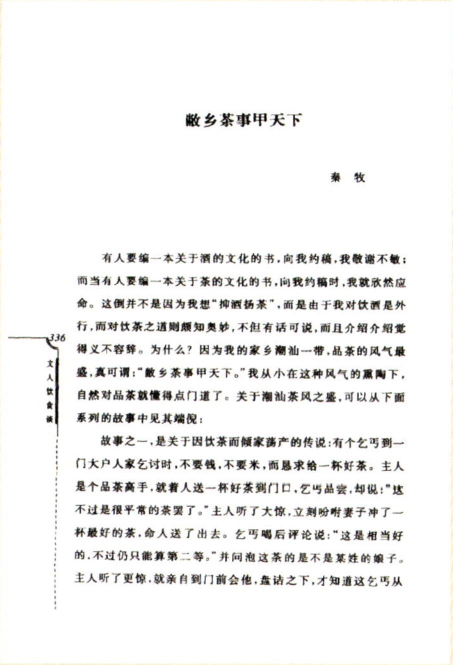

336 文人饮食谈

敝乡茶事甲天下

秦　牧

有人要编一本关于酒的文化的书，向我约稿，我敬谢不敏；而当有人要编一本关于茶的文化的书，向我约稿时，我就欣然应命。这倒并不是因为我想“抑酒扬茶”，而是由于我对饮酒是外行，而对饮茶之道则颇知奥妙，不但有话可说，而且介绍介绍觉得义不容辞。为什么？因为我的家乡潮汕一带，品茶的风气最盛，真可谓：“敝乡茶事甲天下。”我从小在这种风气的熏陶下，自然对品茶就懂得点门道了。关于潮汕茶风之盛，可以从下面系列的故事中见其端倪：

故事之一，是关于因饮茶而倾家荡产的传说：有个乞丐到一门大户人家乞讨时，不要钱，不要米，而恳求给一杯好茶。主人是个品茶高手，就着人送一杯好茶到门口，乞丐品尝，却说：“这不过是很平常的茶罢了。”主人听了大惊，立刻吩咐妻子冲了一杯最好的茶，命人送了出去。乞丐喝后评论说：“这是相当好的，不过仍只能算第二等。”并问泡这茶的是不是某姓的娘子。主人听了更惊，就亲自到门前会他，盘诘之下，才知道这乞丐从

辑五　寻常茶话　敝乡茶事甲天下

（选自《文人饮食谭》，范用编，北京：生活·读书·新知三联书店，2004.05）

业，加入香港的抗日宣传、募捐活动中。1938年春，与一批爱国师生赴内地参加抗日救亡宣传活动。从此，樟林成为他的原乡。

秦牧先生在其散文《敝乡茶事甲天下》中，不仅仅向我们描绘了一幅幅生动的敝乡茶文化图景，更是借由茶事这一载体，传达了对家乡乃至对传统文化的深沉情感与怀念。

文化的传承与情感的寄托

文章开篇便以“敝乡茶事甲天下”这一铿锵有力的句子，为我们揭示了敝乡茶文化的悠久与辉煌。秦牧先生博闻广记，引经据典，从茶的起源，写到茶的传说，再到传世经典中关于品茶的心得。文章使读者仿佛置

秦牧樟林故居

身那个遥远又熟悉的时代，感受到茶文化在社交、经济乃至精神生活中的重要地位。茶，不仅仅是一种饮品，更是情感与文化的象征，是一种生活的艺术，一种精神的寄托。全文分享了茶的历史、茶的知识、工夫茶的冲泡工序，最后也推崇工夫茶可为中国茶道的代表。

茶的文化意蕴与生活哲学

文章开头便说“潮汕茶风之盛”，通过系列故事五则，分别分享了潮汕人对茶的执着，一是对品茶的高要求，因品上等岩茶而倾家荡产；二是对泡茶的水品质的高要求，能够真实分辨山泉水和自来水的区别；三是以茶会友，潮汕地区自古有“茶三酒四”之说，而且三个茶杯成“品”字形摆放，也说明是品茶，以茶会友，品茶交心；四是化解“做茶”风波，男人因妻子“做茶”成饭，后因邻居轻松化解，转怒为笑；五是品茶师傅舌头的灵敏度，面对混合了几种不同品种的茶叶冲泡出来的茶水也可清晰分辨。秦牧通过对茶香、茶味、茶色的描写，传递出一种静谧、和谐、幽远的生活哲学，引导读者去体会那份来自自然的纯粹与宁静。

茶事与人文关怀

秦牧还特别提到了茶事与人文关怀的结合。茶桌上的交流不仅仅是品茶，更是一种文化和思想的交流，是人与人之间情感的联结。作者借助茶事回顾和思考故乡的变迁，展现了一种深刻的地域情怀和人文关怀。

《敝乡茶事甲天下》是一篇充满情感与哲思的散文佳作。秦牧通过对家乡茶文化的细腻描绘，不仅展示了茶的文化价值，也传达了对传统与家乡的无限眷恋。这篇文章不仅是对敝乡茶文化的颂歌，也是对传统文化传承的深思与倡导，值得我们每个人去细细品读与思考。

陈益群的《潮汕食话》

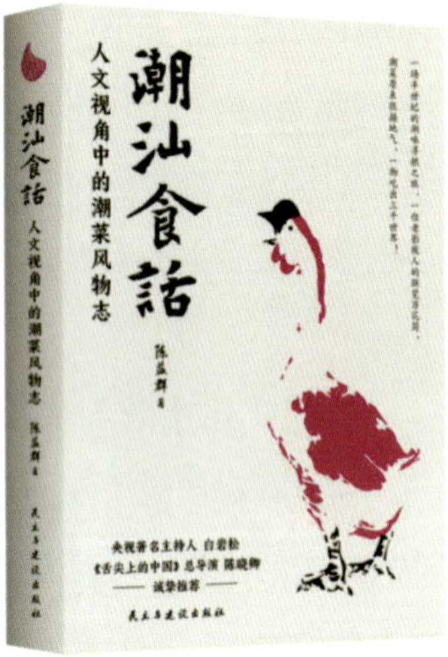

2023年5月，汕头烹饪协会在君华大酒店举行成立大会。会间，“新时期餐饮如何做增长”分享沙龙，邀请林伦伦教授、钟成泉大师和《潮汕食话》主编陈益群对话“潮菜传承发展是文化的力量”。

汕头电视台主持人欣盈介绍：汕头融媒集团党委书记、董事长陈益群，最近主编出版了一本书《潮汕食话》，里面主要记录我们潮汕地区哪一家店、哪一道菜好吃。还有他通过这些名人、名厨、名店、名菜，探究和挖掘潮汕地区的历史文化、风土人情、特色食材等各个方面。趁这个机会，请他从《潮汕食话》中人文这个视角，谈一谈对潮菜世界、潮菜风物和潮菜文化的理解。

从《潮汕食话》说起，陈益群谈了（以下）三个观点。

一、厨师是一个了不起的职业，也是生活美的创造者之一。“因

钟成泉（左）与陈晓卿（右）照片

为出版了《潮汕食话》，所以混进了美食圈了。”写美食专栏的文章，是在20世纪90年代初的时候，是从羞答答开始，到后来逐步认识潮菜的内涵。潮菜美食是一种文化，不但是上档次的文化，而且覆盖了我们的整个生活。我看了一本书，人类从最早的劳动分工：采摘坚果，采摘野菜，围猎动物；到后来的做陶匠，做铁匠，做木匠更细的分工，所有的社会活动，其实追溯源头就是吃饭。所以文化的基础，不就是为了吃饭吗？“仓廪实而知礼仪，衣食足而知荣辱”，吃饭不是一件小事，而是为了满足生活做出的更高追求；吃好饭更是一件非常重要的事情，它是美食文化的一个深刻内涵。所以我认同厨师的职业。既然我们的电视和电影可以通过影视给人们悦目赏心的感受；那么厨师也同样可以通过味觉和嗅觉给人类提供美食的享受。因此厨师也是艺术家，这是他们对社会，对人类的奉献。西方影视里面经常看到大厨的身影，这不仅仅是社会对厨师职业认可的社会地位，我觉得厨师队伍更是一个了不起的行业，他们是生活美的创造者之一。

二、理念要分析，潮菜文化的继续发展才有空间。刚才说到潮菜的问题，让我想起一个故事，那就是《舌尖上的中国》第一、二季总导演陈晓卿兄，前段时间给我讲了自己的亲身体会。他带着儿子去美国，他儿子点了一个餐厅要去那里吃饭。这家餐厅的预订一般要三四个月到半年的时间。中国大使馆帮他写了一个邮件，向这家餐厅的大厨介绍陈晓卿先生——《风味原产地》纪录片的总导演。接到这个邮件，了解情况后，这家餐厅的大厨立即把自己的办公室腾出来，为陈晓卿和他的儿子安排了一桌饭。这里面是什么原因呢？就是《风味原产地》是陈晓卿到腾讯后拍的第一部美食纪录片，Netflix是美国最大的网络播放公司，在美国排名第一，在世界排名也是第一，在美食行业一直到现在为止，点击量还是全美第一。而《风味原产地》这个系列专题片里面《风味原产地·潮汕》是拍摄的第一个系列，在美国引起了非常大的反响，美国的厨师界也非常认同。在中国好多厨师非常感兴趣，也互相传阅观看。陈晓卿说利用这个载体，引起不同种族群体的共鸣，这才是真正的外宣，对外传播潮菜的文化。人生下来都喜欢美食，我是媒体人，潮菜的传播自然是责无旁贷的。我想还有一个问题，就是传播之外，还有一个传承的问题。我觉得潮菜文化的传承问题，并不只是潮菜文化本身的问题，其实我的理解不仅要物质的传承，同时还需要非物质文化遗产的传承。一个菜做了几十年、几百年，一个店办了几十年、几百年，如果不去传承、创新和发展，不与时俱进适应最广大人民生活的需求，是没有生命力的。钟成泉大师说他现在做菜是在“玩”，我觉得他“玩”得多好啊！在他手里“玩”出来的都好吃啊。这个道理就像武功最高的“侠客”是无招胜有招。赵利平先生主持的广州酒家，他不只做饮食，他也做“老字号”。看他做得多好，做得多强，把广州酒家做大做强，做好做高，把品牌发扬光大，这就是真正的传承。

三、“人生如逆旅，我亦是行人”，在潮菜里面，潮汕本地的文化已经贯穿于整个潮菜的系列之中。我想借用苏东坡的一句话：“人生如逆旅，我亦是行人。”吃饭其实对每个人是一件很重要的事情，这不在于吃得好不好，而是在于细细地品味里面有酸甜苦辣，它就是人生。在潮汕本地的民俗、风情乃至文化，潮菜文化自始至终贯穿到我们整个生活的系列之中，这就是我们的特色，也是我们的荣耀。什么叫粿？有没有人去研究啊，你说潮菜的粿，它的内核是什么？是祭祀，是敬天、敬地，也敬本身。里面体现的是敬畏自然，孝敬祖先，这就是我们潮菜的粿的内核。潮汕地区有个“出花园”的民俗，就是十五岁了，已经成年了，要举办的一个仪式。仪式里面安排一个“换肠肚”，要吃一碗猪杂，把肠胃换了。这个安排在于“美食形式”，更看重于“文化内涵”。十五岁了，成年人了，换肠肚，成新人，有担当，这是一个文化内涵非常丰富的“成年礼”民俗文化活动。我们的潮汕文化其实是非常厉害，“筷子”文化就是其中之一。我们把“筷子”叫作箸，这是古音，就是de[7]。日本人称我们的筷子叫唐箸，发音是跟我们一模一样的。“筷子”文化内涵，丰富多彩：以前我们中国的筷子只有一个规格标准七寸六，实践证明这是一个最为合适的长度，既能灵活使用，又能自如控制食物，它还代表着人的七情六欲，象征着合二为一，吉祥幸福。所以我们今后要讲好《潮汕食话》，用筷子好好地吃饭，它有生活、有礼节，更有文化。

第三章 故事谜语

陈景熙、林伦伦的《黄际遇青岛潮菜美食故事》

黄际遇

在陈景熙、林伦伦编著的《黄际遇先生纪念文集》中记载：黄际遇教授，字任初，是著名的数学家、天文学家、教育家、文学家、音韵学家、书法家、象棋名宿。在日本东京高等师范学校毕业，美国芝加哥大学数学硕士，清末庚戌年（1910年）举人。外文能通日、英、德三国文字，在大学能任文、理、工三科教授。

1930年9月20日，原来的省立山东大学与私立青岛大学合并，组建国立青岛大学并举行开学典礼。应青岛大学校长杨振声的邀请，黄际遇先生来到青岛大学任教，并担任青岛大学理学院院长兼数学系主任。据史料记载，青岛于清光绪十七年（1891年）6月建置，其地形地貌与我们潮汕平原相似，三面靠山，一面向海，是环渤海经济区的一颗滨海明珠。黄际遇先生来到青岛大学后，充分展示了自己的高深学问和人格魅力，值

1
—
2

1. 中国海洋大学（原青岛大学）

2. 糖狮（照片来源：澄海摄影协）

得推崇的是他也是一个美食家。说起黄际遇先生在青岛的潮菜美食，真的是轶事多多：

首先是不带家眷带家厨。黄际遇先生对潮菜美食十分考究，来到青岛大学任教，他不带家眷，而是从家乡带来了一名潮汕厨役，烹调技艺极好，专门负责日常的膳食。因为他居住在单身宿舍楼，自己又喜欢潮菜美食，因此经常邀朋请友，小聚小酌。有一次，黄际遇先生回家乡探亲后回青岛，带去了潮汕水果蜜柑和特色食材“糖狮”，邀请了梁实秋先生和闻一多先生到宿舍聚餐小酌。梁实秋先生在回忆青岛旧游和《记黄际遇先生》中道：“有菜二色印象甚深：一是白水汆大虾，去皮留尾，汆出来虾肉白似雪，虾尾红如丹；一是清炖牛鞭，白汪汪的漂在面上，主人殷勤劝客，云有滋补之效，未敢下箸。则我未愿尝试。”这个白水汆大虾，是将鲜虾直接放入清水里煮熟而成，烹饪方法简单，鲜、甜、嫩、原汁原味，再配上蘸酱汁，就是一道传统的潮菜名菜——白灼虾。这与山东鲁菜的油焖大虾，在烹饪技法上是不一样的。

其次是两个“馆子”和“酒中八仙”。青岛两个有名的酒楼，一个是山东馆子顺兴楼，另一个是河南馆子厚德福。这两个馆子不分伯仲，再加上黄际遇先生来青岛之后，经常上酒楼，下馆子，时间一长，人也熟悉，有意无意地在潮菜美食与当地的烹饪技法之间进行相互影响、相互融合、相互渗透，形成各自不错的手艺、拿手的特色菜，吸引了青岛大学这帮“文人食客”。他们经过进一步勘察之后，确定轮流在这两个馆子聚饮。每晚“以罄一坛（花雕酒三十斤）为度”，或自行舀取，痛快淋漓；或宽衣攘臂，猜拳行酒；或扯着破锣嗓子，“鸡猫子喊叫”。四年之中，常聚八人，因此，闻一多先生一时灵感，遂曰“我们是酒中八仙”。这“八仙”是：杨振声、赵畸、闻一多、陈命凡、黄际遇、刘康浦、方令儒、梁

1
—
2

1. 青岛劈柴院

2. 位于中国海洋大学（原青岛大学）的黄际遇故居

实秋。而黄际遇先生，“他是我们青岛朋友酒中八仙的佼佼者”。

再次是品尝潮汕工夫茶。青岛潮商，无不敬重任初先生。“酒中八仙”经常欢聚小酌，余兴未尽，便随任初先生到其潮汕商帮熟悉公司，“排闼而入，直取后厅”。公司主人热情招待，还有茶童升火添水，冲茶伺候。小茶壶，小茶杯，正宗的潮汕工夫茶。梁实秋先生说“潮汕一带的人没有不讲究喝茶的，我们享用的起码是‘大红袍’‘水仙’之类”。“酒中八仙”在潮商公司可以品尝好茶，谈天说地；也可以随心所欲，信口吹哨；更可以“一榻横陈，吞云吐雾”。而任初先生则是“豪气大发，谈笑风生。他知道的笑话最多，荤素俱全，在座的人无不笑倒，甚至于喷饭”。

郑永健的《美食名人故事五则》

之一 《潮菜因蔡澜而更精彩》

书柜里有本一年前蔡澜先生题签赠送的《饮酒抽烟不运动的蔡澜》，书中夹着一张四年前他跟我聊天时的照片，这便是我炫耀“蔡澜先生是我的好朋友”的重要物证。把人家当成你的好朋友，需要对人家认同，对他的为人佩服、敬仰，这样的人不是非常容易找的，因为“如果让自己羡慕的人太多，也许自己就很没有料”。那么，让人家把你当好朋友，相对来说就更不容易了。而蔡澜先生，是让很多人（包括我在内）以“他是我的好朋友”为荣的人，我崇敬他不仅仅是因他的博学和洒脱，更多的是他对家乡、对美食的热爱以及待人的真诚。

把蔡澜先生当成自己的好朋友，对笔者来说自然是一种高攀。蔡澜先生是潮汕这块热土的好朋友，是潮菜的好朋友，蔡澜这个名字，也是每一个爱好潮菜美食的潮汕人应该好好珍惜的荣誉。认识蔡澜先生是在2001

林自然和蔡澜（左）探讨潮菜

年初，他为筹备带领首个“蔡澜叹世界——汕头美食团”来到汕头，我陪他亲自踩点，品尝潮菜。当时汕头文化圈有一个“地下食协”（一帮文化人时常凑在一起，以寻找美味为乐，以研究美食为荣的“酒肉朋友”）的骨干李春淮先生，因为业务往来与蔡澜先生素有联系，便拉上我会同“食协”顾问级成员郭莽园先生，一起带蔡澜先生去试菜。第一次一起吃饭是在当时的月眉湾菜馆，郭莽园先生带了好多斤黑蜂酒，把豪放爽快的蔡澜先生喝得酩酊大醉，却苦了李春淮兄去当陪护。之后的几天中我陪蔡老到处寻吃，潮菜的地位在他心目中再次得到提升。在此行中他提出：“食在广东，味在汕头！”为潮菜着实贴上一块金字招牌。

21世纪以来，蔡澜先生从香港带领多少个美食团来汕头，这已经无法统计了。朋友问他，为什么喜欢潮菜，他哈哈大笑，说因为潮菜有放猪油。除了不断地请进来，他还带香港的电视台记者来汕头拍美食进行宣传，还介绍香港最有影响力的杂志《饮食男女》来汕头做专题报道。2009年3月蔡澜先生又带一个美食团来汕头，他挥毫写下“小汕头”三字。他跟我谈过一个构想，打算和朋友在香港做一个美食大厅，名字就叫“小汕头”。把汕头餐饮界的老字号和著名品牌请到香港去，让香港这个大都市里的食客品尝汕头美食，吃上瘾了，就告诉食客说，这仅仅是“小汕头”，是汕头美食的一个缩影而已，真正好吃的要到汕头来，汕头才是总店。为了汕头的美食和旅游，蔡澜先生可谓是殚精竭虑，至于在香港的报刊撰写文章介绍潮菜，蔡澜先生已经把这工作当成一种应尽的义务了。

之二 《蔡澜老师的护犊之情》

谦细做人、洒脱自如是蔡澜先生的魅力所在。张新民兄是汕头美食的一面旗帜，是汕头美食的一位优秀义工。当他的大作《潮菜天下》问世后，蔡澜先生对这本书推介有加。后来两人来往多，也熟悉了，蔡澜先生要来汕头之前，总给张新民兄打电话问他，要带什么东西来汕头给他。新民兄对此事感叹不已，在蔡澜先生面前，新民兄自然属于后辈，蔡澜先生非但没有架子，而且平易近人，平等待小友，实在令人感动。

笔者因为陪蔡澜先生去找过几个品尝潮菜的地方，很想得到他的题字以作勉励。记得2001年他在给汕头金海湾大酒店题字时，我是那样的战战兢兢请他也给我赐一墨宝。他竟不假思索，爽快地答应了，还连说：“好呀好呀，你想写什么呢？”我说，就写点警示的话好了。蔡澜先生拉过一张八尺大纸，写下“老食煞”三个大字，并题下“鄭宇輝兄識吃，蔡澜誌

“老食煞”作品

之”！他向在场的人解释说，“煞”不是凶神恶煞，是“煞嘴”（潮汕话里很好吃、很下饭的意思），“老食煞”是对食物很讲究、追求很完美的人的称呼。笔者自知，自己和这个称呼相去太远，于是总在揣测蔡老师对这三个字的诠释。通过后来读他的文章，观察他本世纪每次来汕头时一些细微之处，我想这也许是他在描绘一种信仰或无法企及的愿景，那就是无时无刻不去调整自己的心态，去融入各种各样的食品，而不是去占有某种食物。“老食煞”于我，无非是让笔者牢记前辈的教诲，激励自己去更好地学习、记录、感悟食物之乐。而蔡澜先生讲的识食，笔者悟到，除了认识、挑选、欣赏、改造食材之外，更重要的是以一种澹泊的心态，以自己现有实力，去发现我们身边包括任何食物在内的一切美好。

之三 《请陈晓卿老师吃“屎”》

潮汕人讲普通话，常常因为发音不准而产生了不少令人啼笑皆非的故事。2011年的正月初一，《舌尖上的中国》第一、第二季总导演陈晓卿老师给笔者打电话告知他到汕头了，笔者立马飞奔去找他。陈老师说大过年的，总算有点时间来踩点，但怕给大家添麻烦所以悄悄地来，到了才给电话。

这是晓卿老师第一次来汕头，笔者开着一辆小高尔夫，把晓卿老师拉到单位狂喝工夫茶，然后问晓卿老师：“您晚上想吃什么？”晓卿老师说，一切听从安排。笔者想只有两个人，不是西餐就是火锅了。来探汕头美食西餐肯定不行，火锅嘛，大春节，人数少，就吃好一点罢。所以就说：“陈老师我们去吃蛇吧？”

晓卿老师皮肤比较黑，属于“高级黑”的那种，听完我的建议后愣了半天，黑脸上明显焕出些红色来，他说：“您这么重口味呀？”笔者说：“您有忌口？”双方相视而笑，意在不言之中。

之四 《“老贼”骗吃林自然》

在林自然大师家混吃混喝是其每一位好友毕生最美好的记忆，林自然大师的好朋友周修展先生（雅号“老贼”）是每次聚会中的常客，他的“骗吃”技术最高超（其实在朋友聚会中老贼兄最为慷慨）。林自然大师每年农历五月初五生日都会邀请他最好的朋友一起吃饭，通常是二三十人一大围。另外还有阳历生日，那是小范围的“死党圈”聚餐，在老贼兄的策划下，2009年和2014年林大师分别办了三次生日宴席。其中，2009年是因为农历有闰五月。2014年则是笔者帮林自然大师整理好生日宴会名单后，把自己的名字划掉请林大师补充，原因是生日宴当天笔者需送女儿去英国读书，林大师就说那提前到五月初三举行吧。五月初五笔者刚等上飞机，老贼兄就来电，说大家又在给林自然大师过生日，林自然大师才是主角！其实，又是“骗吃”了一餐。朋友们本来是生气笔者独得林大师的“宠爱”，后来因为多吃了一顿，便反过来感谢笔者的外出了。

林自然照片

林自然大师家里的厨房失火，修葺后必须“试一试炉灶好不好用”。厨房修好了，原来的餐桌显旧了，重新买一张，老贼兄就说非得“好好坐一坐看看吃起来舒不舒服”。笋季到了，需要试一试今年的笋和去年的相比哪一个好。河豚上市了，需要“验证”一下去年那做河豚的方法是否经得起“历史考验”。好酒好菜好朋友，跟着林大师吃喝，每当喝多几杯，老贼兄就开始高呼林主席（林自然大师原是汕头美食协会主席）万岁！林自然大师总是笑着骂他不要乱喊。

之五 《汕头地下“食协”》

早在20世纪80年代初，郑祥发、杜国光、蔡少铭、冰俊（已故）、刘伟兰、凡斯、三皮、妩青等一班文友夜里常在一起讨论文学，茶喝多了就吃点牛肉丸粿条汤当点心。这是笔者 1985 年（当时读高一，是这群人中唯一的小屁孩）“混进组织”后的一些记忆。20世纪90年代初，笔者毕业后到报社工作，“返回组织”时发现这群人除了杜国光、凡斯（本名颜伟红，地下食协中第一个赚到钱买了手提电话，圈内叫他“颜手提”）、许海俊（后来因为单位分了一套三房两厅改称“许三二”）等前辈外，还有张新民、全南海、黄进雄、许润东、林继昌以及后来的郭莽园、陈益群、萧莉、韩荣华等文友和搞艺术的前辈。这群人中除了写小说、写诗（张新民老师20世纪80年代末发表在《文学朋友》上的大作是诗歌《爱情不是牵牛花》）、写散文的之外，也有搞电视的、摄影的、书法和画画的。物质生活丰富了，经济领域的诱惑多了，大家聚在一起谈文化谈艺术却少了，所谓愤怒出诗人嘛，心情好了写个打油诗。所以，大家更多的仅仅是吃喝，做最纯粹的“酒肉朋友”。酒肉朋友对大家来说是一个褒义词，大家交往得很纯朴，没有什么利益关系，就吃喝，寻找一种心灵上的慰藉。萧莉女士有一篇文章叫《食协这个大染缸》，给这个群体做了一幅画像。

既然作为“食协”，总得有一位“挑头大哥”，这食协会长都是竞争上岗的，张新民老师是倒数第三任会长。他竞岗时用了一道食材考题：“你们说狗鞭有没有骨？不能蒙，说有的要说出形状，谁说得准确谁当会长，没有人答对我当会长！”众人中有蒙狗鞭有骨的，但讲不出形状。新民兄从衬衣的上口袋拿出一小包面巾纸，纸中包着一条狗鞭的骨，是三角形的，中间还有一条沟，这狗鞭便成了他执掌地下食协的“权杖”，他是

汕头“地下食协”图片

红极一时的“狗鞭会长”。自此，一群人在新民兄的带领下度过许多快乐的时光。后来，1995年年底，张新民“会长”引咎辞职了，原因是他听信了许三二说高新区的科技宾馆十位客人花了三百元大吃一顿还能有很多菜可以打包。结果大家十来个人花了近三千元还吃不饱。新民会长下岗，许三二临时上位，但许三二会长到任两个月没有组织任何活动，属于不作为，被勒令下岗，会长重选。于是，大伙聚在一起，一致决定选一个“文学水平最差的”当会长，笔者当年不幸被选上了，当上了汕头“地下食协”末代会长。这期间，张新民老师垂帘（笔者虽然执政，但只是傀儡，新民兄一直是垂帘听政，哈哈）认识了林自然大师。

大家认识林自然大师之后，文艺的圈子迅速扩大，音乐界、潮剧界、舞蹈界、书画界的大咖云集，这些大咖们入局必须具备三个条件：第一是心地善良，为人豪爽。第二是喜欢吃喝。第三是在个人的专业领域都属于佼佼者。2003年汕头市美食学会在汕头市委会议中心举行成立大会，林自然大师当选主席，当时的汕头市委书记李统书接受了永远名誉主席证书。张新民老师当选为副主席，汕头市社科联派员当秘书长，郑永健任第一副秘书长。至此，汕头地下食协彻底被“招安”。

曾楚楠的《韩公宴》

2019年，是“韩愈治潮一千两百周年”。中国韩愈研究会顾问、潮学终身奖获得者曾楚楠先生，为了纪念韩愈对潮州文化，特别是潮州菜文化的贡献，根据韩愈两首知名潮菜诗文《初南食贻元十八协律》和《别赵子》中写到的潮菜食材，特别策划了《韩公宴》特色菜谱，并在潮州市枫春海鲜大排档的配合下，推出“韩公宴”潮菜品牌。《韩公宴》的菜谱，共有14道菜和8个佐酒小菜。菜谱中保留了两首诗中主要的海鲜食材，同时又结合时令季节，辅以潮菜有关的精妙和独特烹饪技法，名副其实地传承、创新和发展潮菜。

2021年11月，我们在潮州市旅游行业协会荣誉会长郑正佳先生陪同下，参观了潮州市几个名胜古迹之后，慕名前往潮州市枫春海鲜大排档品尝“韩公宴”。

在品尝“韩公宴”时，专门负责介绍“韩公宴”的讲解员黄小姐，首先向我们介绍八个佐酒小菜：1.油焖橄榄。2.姑苏香腐。3.酥脆花生。4.糖醋姜片。5.水淋河蚬。6.榄汁鱼仔。7.爽口酸菜。8.脆香菜脯。这8个佐酒小菜，都用潮州精美瓷器装着，古色古香，把千年古桥——广济桥的文化融入其中，寓意着长长久久的美好祝愿。然后，黄小姐按顺序介绍菜谱中的14道菜：1.赤龙卧茵。2.蒲鱼戏水。3.白灼章举。4.红烧石蛤。5.芦菔瑶柱。6.厚菇芥菜。7.双丸浴海。8.小象拱冰。9.酱香时鲜。10.什锦拼盘。11.酸甜蛇鱼。12.香酥蚝煎。13.红桃果点。14.翻砂香芋。她重点介绍《初南食贻元十八协律》和《别赵子》两首诗中保留的海鲜特色。对于“蒲鱼”“章举”等海产食材，还特意拍照制作精美图片，向我们介绍。最后，她还拿起一个盛菜的古碟说：曾楚楠先生研究潮州文化有很高造诣，从精小的策划设计上下功夫，其实这个古碟的造型就像一本书。它是根据韩文公祠前面那本书的造型制作出来的，其寓意是心想事成。如果儿女读书，皆是学业有成。

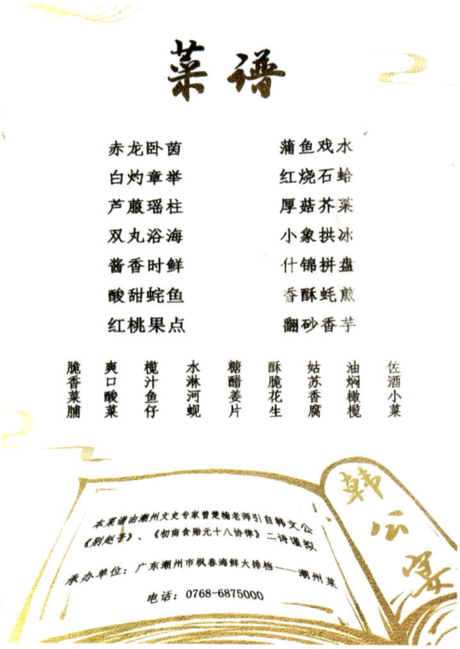

林栩的《泰国酸辣汤与华侨厨师的故事》

冬阴功汤

癸卯年初秋，早晨雨后的泰国曼谷，已经有点凉快。我们一行住泰国曼谷大华酒店，吃过早餐后，在泰国中华总商会文化部副部长陈贤得先生陪同下，前往泰国曼谷吞武里大学。

泰国曼谷吞武里大学是一所泰国教育部批准成立的私立院校，坐落于泰国首都曼谷市的塔逸哇塔区，是一所综合性大学。林栩先生是这所大学的助理校长，他是一名旅泰文化学者，在泰国已经30多年了。我们与林栩先生是老朋友，所以道明来意，直奔主题：潮菜文化在泰国的传播。林栩先生也不客气，直截了当地说，我给你们讲一个跟潮菜美食有小小关系的小故事。在两百多年前，泰国出了一个民族英雄。这位民族英雄是华人（中国广东汕头澄海人），他率领泰国人民，进行了反侵略的战争，把缅甸侵略者赶出泰国，成立了泰国的吞武里王朝，在位有十五年的历史。在位期间的一天，他的公主生了一场病，什么山珍海味都不想吃。公主什么都不愿意吃，使国王很焦急、很担心。女儿生病该怎么办？找医生，医不好；找民间社会，也没办法。怎么办？后来御厨（也是中国广东潮汕人）跟国王说：我来给公主煮碗汤喝试试吧。国王想了一下，也就同意御厨的建议并说：你去煮吧。御厨经过一个多小时，精心熬煮了一碗香喷喷、酸辣辣的汤过来。公主喝下这碗汤后，就好像是吃了灵丹妙药一样，身体很快就恢复并好了起来。国王看到这样很高兴，问御厨：这碗汤是什么汤？怎样做出来的？御厨说：这碗汤主要用柠檬和生姜，还有泰国本土的草药食材，是经过多年的烹调实践，结合泰国本土的饮食习惯，综合提升做出来的酸辣汤。国王听后很高兴，这汤能治愈公主的病，今后也好治黎民百姓，就把这碗汤尊为“国汤”酸辣汤，它还有另外一个耳熟能详的名字——“冬阴功汤”。

鄞镇凯的谜语及评析

鼠䌷粿

谜面：这个结论已论证。

谜目：潮汕小食。

谜格：土音格。

谜底：鼠䌷粿。

竹笋饺

谜面：个个食用开君口，西郊赶到笑先来。

谜目：潮汕小食。

谜底：竹笋饺。

水晶包

谜面：白银盘里一青螺。

谜目：潮汕小食。

谜底：水晶包。

1	4
2	5
3	6
	7

1. 鼠釉粿
2. 竹笋饺
3. 水晶包
4. 菜肉包
5. 粽球
6. 紫菜卷
7. 墨斗丸

菜肉包

谜面：纵然生得好皮囊，腹内原来草莽。

谜目：潮汕小食。

谜底：菜肉包。

粽球

谜面：要求重点先审标王。

谜目：潮汕小食。

谜底：粽球。

紫菜卷

谜面：不管是素是荤，小儿全一扫而光。

谜目：潮汕小食。

谜格：白头格。

谜底：紫菜卷。

墨斗丸

谜面：争执莫出手，暗察是非情。

谜目：潮汕小食。

谜底：墨斗丸。

潮汕谜语，这是中国广东潮汕地区的一种独特表演艺术形式，脱胎于民间传统的猜谜活动。又因潮汕地区物产丰富，美食琳琅满目，因此，潮汕谜语当中有单独的潮菜谜语专项。它以谜语含义为线索，将整个过程通过菜肴或物品的形状、颜色、名称等元素进行互动表示，隐藏谜底在菜品中，使人们在猜谜的过程中进行沟通交流，既展现了饮食文化的独特性，又体现了潮汕地区独特的智慧与生活方式。

由于潮菜谜语融合了饮食文化和谜语游戏，因此它不仅仅是食物，更是一种富有趣味与创意的知识展示，沉淀着潮汕人丰富的社会生活经验和深厚的民俗文化底蕴。渐渐地，潮汕的猜菜谜活动发展成一种具有娱乐性的社交活动，不论年龄大小，都能参与其中，感受其乐趣。

鄞镇凯（1950年11月— ），1968年11月上山下乡于饶平县山区务农，其后当过水手、搬运工人、企业经理、工人文化宫文化专干、《汕头日报》记者，在《汕头日报》编辑任上退休。退休后至今返聘潮汕历史文化研究中心任理事兼传播办主任。中国民间文艺家协会会员、中华灯谜学术委员会顾问、汕头市政协特约文史研究员、汕头市非物质文化遗产（潮州歌册）代表性传承人。

出版专著有《潮汕谜艺》《潮谜评析800则》《潮汕文化一家言》《潮汕俗语解读》《汕头埠旧事》《高绳芝》（长篇潮州歌册）、《诗吟朋友圈》《血泪侨批情》（长篇潮州歌册）、《归侨英烈杜鹰扬》（长篇潮州歌册）、《行将消逝的潮汕词语》等。作品多次获国家级、省级奖励。2009年获广东省民间文艺突出贡献奖。

第四章 歌谣歌册

潮汕人把用方言唱出来的歌谣，统称为“畲歌”，也就是“潮州歌”。其一般格式为七言一句，四句为一“条”(首)，每条成一个乐段，亦即一个叶韵单位。这一格式完全被今天的“潮州歌册”采用。

潮州歌册吸收了畲歌的各种形式。它以历史上的英雄故事和恋爱故事为主要题材，实际上就是畲歌的史诗形式，或者说是“小说歌”形式的余绪。今天的潮州农村中还有“斗歌”的遗风。这种斗歌形式，乃源于畲族的盘诗会。

潮州歌册俗称“唱歌册”，多以长篇叙事唱本为主，是以潮州话诵唱的民间说唱艺术，是潮汕地区特有的曲艺形式。宋末至明初，来自佛教的宝卷、淘真、词话及江浙弹词等经福建、江西流入潮汕地区，与当地歌谣、畲歌、俗曲等相融合，并受其影响，从而形成了潮州歌册这一新的曲艺形式。潮州歌册形成于明代，盛行于清末至20世纪70年代初。

潮州歌册在潮汕文化史上占据十分重要的地位，是深受潮汕地区群众欢迎的民间曲艺形式，具有重要的历史、文学和艺术价值。潮州歌册为民众提供文化滋养，传播历史知识，对于弘扬中华民族传统美德、扬善弃恶、创建和谐社会有着积极的作用；同时，也为研究佛教文化在岭南地区的流传和衍变提供了宝贵的资料。

潮州歌册多以历史故事和民间传说为题材，词句大量运用俗语，掺入熟谚、俗典、方言、口语、歇后语等，并运用诗化的方言口语表述，使故事情节波澜壮阔，人物形象生动具体，其传统题材作品有《刘明珠》《一世报》《二度梅》《薛仁贵征西》等，现代题材作品有《花好月圆》《冤孽姻缘》《红灯记》《白毛女》等。

潮州歌册唱词格式多为七字句式，四句一节，每节押一韵；因内容变换、感情变化或表述需要，可将七字句变为四字句、五字句、六字句、三三四字句、三七字句、三三五字句等；节与节之间可以变韵，也可连韵，多押平声韵，个别也押仄声韵，以音韵和谐顺口为重。潮州歌册的诵唱是根据潮州方言的音乐性，问字取腔的即兴吟唱，普遍采用潮汕传统的“二四谱”，以“二三四五六七八”为标记，即简谱“5612356”（so la do re mi so la）。正因其即兴，不同演唱者的唱法各有不同，故有“潮州歌册不能合唱”之说。潮州歌册虽唱法不同，但大致仍可归纳为10种相似的唱法。

随着时代发展，社会生活和娱乐形式多样化，潮州歌册这一民间曲艺式样已逐渐被淡忘。现在能用传统方式说唱潮州歌册的老一辈艺人不断减少，创作人员更是凤毛麟角。因此，这一极具岭南地域文化特色的潮州歌册，亟需采取有效措施加以抢救保护。

王敏的《潮汕特产歌》

蕉柑

《潮汕特产歌》

敲起竹板笑呵呵，
手敲竹板口唱歌，
歌唱家乡潮汕美，
山明水秀绿满坡。
潮汕四季如春天，
春夏秋冬瓜果香，
韩江两岸花似锦，
年丰物阜唱细详。
潮汕蕉柑①最优良，
潮汕抽纱②名传扬，
潮汕刺绣③甲天下，
潮汕木雕④最特长。
揭阳出名香豉油⑤，

香豉油

老冬蛴

达濠出名本港鲦[6]，
凤湖出名青橄榄[7]，
南澳出名甜石榴[8]。
鸥汀出名鸥汀鸡[9]，
潮州出名义成鞋[10]，
南澳出名老冬蛴[11]，
桑田出名大赤蟹[12]。
葵潭出名大菠萝[13]，
苏南出名好卤鹅[14]，
海山出名大虾脯[15]，
溪口出名甜杨桃[16]。

大菠萝

大虾脯

邹堂出名青皮梨[17]，
石狗坑出乌梨畔[18]，
潮州出名鸭母粿[19]，
梅林出名大红柿[20]。

下湖出名好荔枝[21]，
达濠出名鲜鱼丸[22]，
樟林出名大林檎[23]，
隆都出名落汤糍[24]。

鱼丸

林檎

海门出名大红螺[25]，
月浦出名狮头鹅[26]，

潮州出名姑苏腐[27]，
浮洋出名打铜锣[28]。

凤凰出名凤凰茶[29]，
内陇出名酥杨梅[30]，
石马出名石马柰[31]，
东湖出名大西瓜[32]。

鲍鱼

靖海出名鲜鲍鱼[33]，
达濠出名钓鳗鱼[34]，
水吼出名槟榔芋[35]，
后陇出名好番薯[36]。

枫溪出名烧雅缶[37]，
赤沙大蚶[38]鲜又肥，
汫洲出名鲜薄壳[39]，
庵埠出名大菜蕾[40]。

乒乓粿

榕城出名乒乓粿[41]，
汕头出名炒糕粿[42]，
澄海出名猪头粽[43]，
峡山出名放烟火[44]。

芥蓝花

桃山出名芥蓝花[45]，

榕城出名做大吹[46]，
鸥汀出名好铰刀[47]，
金石出名种雅花[48]。

白腹鲳

神泉出名白腹鲳[49]，
金浦出名种稚姜[50]，
洪阳出名酥竹蔗[51]，
溪口出名好弓蕉[52]，

潮州出名柑桶柑[53]，
山门城出好束沙[54]，
大长陇出好南糖[55]，
流沙出名浮豆干[56]。

束沙

海门出名乌糕团[57]，
和平出名好葱饼[58]，
沙浦出名好酥糖[59]，
贵屿出名浮膀饼[60]。

东津出名好缶涂[61]，
潮州出名做大鼓[62]，
普宁出名好豆酱[63]，
新亨出名老菜脯[64]。

老菜脯

冬瓜丁

棉湖出名冬瓜丁[65]，
澄海出名做纱灯[66]，
苏南出名麻豆薄[67]，
榕城出名麻油精[68]。

潮汕物产实在多，
好编诗歌千万箩，
唱到香港共泰国，
唱到日本新加坡，
唱到澳洲欧罗巴，
唱到美国墨西哥。

①蕉柑：广东潮汕盛产的优质水果，分布于中国台湾、福建南部、广东东部。
②抽纱：广东潮汕抽纱是国家级非物质文化遗产。
③刺绣：广东潮汕刺绣是国家级非物质文化遗产。
④木雕：广东潮汕木雕是国家级非物质文化遗产。
⑤香豉油：揭阳最负盛名传统名产。
⑥本港鲦：汕头达濠港鱿鱼。
⑦青橄榄：揭阳市揭西县凤江盛产的优良品种橄榄。
⑧甜石榴：汕头市南澳县深澳盛产特有优稀名果石榴，特称“澳榴”。
⑨鸥汀鸡：汕头市龙湖区鸥汀特色白卤鸡。
⑩义成鞋：“义成鞋庄”创始人是郑名安，饶平黄冈人。太平天国平定不久，沿海动荡，举家迁至潮州城经营做鞋买卖。到郑云圃（义成大爷）继承“义成鞋庄”并发展壮大。因制作注重质量，经营讲信誉，口碑极好。

⑪老冬蛴：梭子蟹的一种。蛴，潮音cin[8]（“齐”阳入）。
⑫大赤蟹：汕头市潮阳区河溪出产的膏蟹。
⑬大菠萝：揭阳市惠来县葵潭出产的菠萝。
⑭卤鹅：汕头市澄海区莲下镇的著名卤味。
⑮大虾脯：潮州市饶平县海山镇出产的虾干。
⑯甜杨桃：潮州市磷溪镇出产的杨桃。杨桃的“桃”字，潮音读do[5]（逃）。
⑰青皮梨：揭阳市地都镇驰名岭南佳果，也称“邹堂梨”。
⑱乌梨畔：揭阳市普宁云落特有水果乌梨，切成畔腌制成乌梨脯。
⑲鸭母捻：潮汕特色小吃，是一种有馅儿的汤圆。
⑳大红柿：潮州市铁铺镇出产的红柿。
㉑好荔枝：惠来县出产的荔枝。
㉒鲜鱼丸：汕头市达濠出产的鱼丸。
㉓林檎：汕头市澄海区东里镇出产的林檎，又名“番荔枝”。
㉔落汤糍：汕头市澄海区隆都镇特色小食。糯米糍，俗称“米钱”。
㉕大红螺：汕头市潮阳区海门港出产红螺。
㉖狮头鹅：汕头市金平区月浦培育的大型良种鹅，被誉为“世界鹅王”。
㉗姑苏腐：潮州特产之一，俗称“姑苏香腐”。
㉘打铜锣：潮州市潮安区浮洋镇的铜锣制作技艺。
㉙凤凰茶：潮州市凤凰山出产的单丛茶。
㉚酥杨梅：汕头市潮阳区西胪镇出产的杨梅，其核酥脆，故称“乌酥杨梅”。
㉛石马柰：兴宁石马著名水果。
㉜大西瓜：汕头市濠江区广澳出产的西瓜。
㉝鲜鲍鱼：揭阳市惠来县靖海渔港出产的鲍鱼。
㉞钓鳗鱼：汕头市达濠渔港出产的大白鳗。
㉟槟榔芋：揭阳市揭东区玉湖镇出产的芋头。
㊱好番薯：潮州市潮安区凤塘镇出产的番薯，俗称“后陇红”。
㊲烧雅缶：烧出漂亮的瓷器。缶，这里潮音应读hui[5]（“辉”阳平）。
㊳赤沙大蚶：汕头市濠江赤沙出产的蚶。
㊴薄壳：潮州市饶平县汫洲出产的一种小贝壳，因壳薄而得名。
㊵大菜蕾：潮州市潮安区庵埠镇出产的卷心的芥菜。
㊶乒乓粿：揭阳著名传统小食，是一种用糯米粉做皮，芝麻、花生和糖做馅的饼。
㊷炒糕粿：汕头著名的传统小食。
㊸猪头粽：澄海著名的传统小吃。
㊹放烟火：燃放鞭炮。
㊺芥蓝花：揭阳市砲台镇盛产的芥蓝菜。
㊻做大吹：揭阳市地都镇生产的唢呐很出名，大吹即唢呐。
㊼好铰刀：汕头市龙湖区鸥汀以打制剪刀闻名，古称“交刀”。

㊽种雅花：潮州市潮安区金石镇是传统的花木栽培名镇，是粤东唯一列入省级的“花卉科技创新专业镇”。
㊾白腹鲳：揭阳市惠来镇神泉港出产的鲳鱼。鲳，潮音cion[1]（枪）。
㊿种稚姜：汕头市潮阳区金浦镇种植稚姜。
51酥竹蔗：揭阳市普宁洪阳镇出产的小甘蔗，其质酥脆。
52好弓蕉：潮州市潮安区归湖镇出产的香蕉。
53柑桶柑：潮汕出产的一种柑。
54好束沙：汕头市潮南区仙城镇传统小吃，花生米外包白糖粉。
55南糖：揭阳市普宁特色小吃，炒熟花生与麦芽糖、糖浆制作而成。
56浮豆干：揭阳市普宁特色小吃，油炸豆腐。
57乌糕团：汕头市潮阳区海门镇传统糕类小吃。
58好葱饼：汕头市潮阳区和平镇传统饼食。
59好酥糖：汕头市达濠珠浦的一种花生糖。
60浮塍饼：汕头市潮阳区贵屿传统饼食。
61好缶涂：做瓷器用的优质瓷土。
62做大鼓：大鼓，潮州大锣鼓。
63好豆酱：揭阳市普宁洪阳传统的豆酱，特称普宁豆酱。
64老菜脯：揭阳市揭东区新亨镇出产的菜脯。
65冬瓜丁：揭阳市揭西县棉湖镇出产的糖腌制冬瓜条。
66做纱灯：《澄海县志》记载“澄城、莲阳、樟林的纱灯，都是别地少有或没有的”。
67麻豆薄：汕头市澄海区莲下镇苏南糖果厂出品的薄片芝麻花生糖。
68麻油精：榕城特产芝麻油。

鄞镇凯先生退休后至今返聘潮汕历史文化研究中心任理事兼传播办主任，20世纪70至80年代，与王敏先生为汕头市工人文化宫的同事。两人一人搞曲艺创作，一人搞曲艺表演，经常合作，关系密切。因此，他对王敏先生有独到的了解。他用敬重之情讲述着王敏先生的简历，《潮汕特产歌》的创作表演并取得的国内外轰动效应，特别津津乐道“听王敏说相声”的亲身文化享受。

（一）

王敏，1933年出生，揭西棉湖人，潮汕地区著名曲艺表演艺术家，中国曲艺家协会会员，广东省曲艺家协会会员（曾任理事）。他在青年时期就考入汕头市民间音乐曲艺团，修炼出集潮剧、粤剧、京剧、黄梅戏等戏曲艺术于一体的说唱绝活。在他的作品中，潮汕人最熟悉的就有《夸潮汕》《姐妹谈心事》《潮汕赋对》《故乡情》等，他和“讲古大王”陈四文合作的多个相声作品，在潮汕地区更是几乎家喻户晓。所教学生更是有快板演员孙志武，小品、相声演员杨展明，曲艺演员林庆华。

这是一首由著名潮汕曲艺家王敏先生加工创作表演的方言歌。其中有不少唱段来源于民间传唱的歌谣。歌谣中涵盖潮汕地区丰富的美食小吃，还标明食材或食品的著名产地，是研究潮菜不可多得的歌谣。

（二）

王敏先生创作的《潮汕物产歌》，写于1960年，原名《夸潮汕》，艺术形式是“扣歌”。1999年新华出版社出版的《汕头市志》第四册221

页载："潮汕扣歌是用竹板扣节拍伴奏，以潮州方言说唱的一种民间曲艺形式……1960年，王敏以扣歌形式创作《夸潮汕》《两个旱年》等节目，其中《夸潮汕》因其具有浓郁的地方特点，明快的节奏及和谐的唱腔，先后演唱了300多场。"

王敏先生的这篇作品，后来被《潮汕文学读本》等书刊转载，根据各自的需要，题目改作《潮汕特产歌》，这本无可厚非，但文末若无加备注则不可。因为它是时代的代表作，保留原貌为好。而不少刊物将其艺术形式改为"潮州歌册"，这是完全不能准允的。它混淆了两个艺种的概念。不明真相者，会误认为是王敏先生犯了低级错误。潮州歌册的主要元素是故事，它同传统小说一样，要有一个中心思想，主题明确，情节完整，并注重塑造典型人物。它比小说的故事性还要强，具有情节发展的各个基本要素：开端、发展、高潮、结局。其次，它押韵讲究，必须押平声韵，每四句为一节，一、二、四句入韵，第三句不入韵，其末字应仄声字。每一节，必换一个韵。《潮汕特产歌》（《夸潮汕》）不具备潮州歌册元素。它没有一个完整曲折的故事；它的用韵要求很宽松，第一节和第二节就连韵；第五节就平仄韵混用；还有纯用仄声韵的……潮州歌册不允许这些写作手法，但扣歌就允许。

《潮汕特产歌》（《夸潮汕》）的确是潮汕曲艺的成功作品。王敏先生在其著作《潮汕曲艺初探》中作了如是介绍："（20世纪）60年代汕头市民间音乐曲艺团在潮汕地区巡回演出，由王敏创作演唱的竹板歌《夸潮汕》搬上舞台。第一场演唱在汕头市大观园戏院公演，节目结束时掌声雷鸣，效果极佳。不久《汕头日报》登出歌文内容。《夸潮汕》收集了潮汕一百多种著名土特产、名优特产、著名美食。王敏用潮州歌册的调式，加上长短不同的拉腔，用轻松明快的节奏，加上竹板伴奏，为人们所喜闻乐见。这个节目，在（20世纪）八九十年代代表国家赴东南亚、（我国）港澳台等地演出时，都是首选节目。在参加香港国际艺术节时，加上潮州音乐伴奏，形式和内容更为丰富多彩。这个节目，半个世纪来屡演不衰。不少海外潮汕同乡会，把它当作教育后一代的乡土教材。”

《潮汕特产歌》（《夸潮汕》）之所以曾经轰动潮汕及东南亚潮侨社会，首要原因是王敏先生洪亮动听的嗓音及其精湛的演技；其次是在通信条件极其落后的20世纪60年代，能搜集到全地区如此多的名产，那是一个不简单的工程。在此之前，潮汕民众是不可能对潮汕名产有如此全面的认识的，因此，《夸潮汕》让观众、听众耳目一新。另者，当时正逢国家经济困难，各种生活物资短缺时期，抱着饿肚听着《夸潮汕》，还真有望梅止渴、画饼充饥的良好感觉。

曾经有青年朋友对我说：“《潮汕特产歌》有顾此失彼之嫌。不少名产无列入，如池边芳番薯、金灶橄榄、福合埕牛肉丸。”我答：“第一，神仙打鼓有时错，遗漏难免，如池边芳番薯。第二，物换星移，名产会不断产出，如金灶三棱橄榄，王敏先生写《夸潮汕》时尚无此物。第三，不同的时代有不同的观念，如过去，多数潮人是不吃牛肉的，甚至将卖牛肉和吃牛肉者视作另类！而今，吃牛肉成为汕头的饮食名片。”

《潮汕特产歌》（《夸潮汕》）还是研究潮汕物产时有价值的参考资料。

（三）

“听王敏说相声”，是20世纪60年代上半叶潮汕人津津乐道的一项文化享受。哪个同学如果有机会看了王敏先生的表演，次日到学校，就是他向同学们炫耀的资本。这种文化享受，到1966年6月戛然而止。50多年前，我下乡到粤东山区务农，没想到那座边远山寨的农民也知道王敏，田间休息时，常常把王敏和他的作品当作谈资。原来，他们是在故事队的收音机里认识王敏的。其中有一位曾近距离接触到王敏——这位农民兄到府城做客，刚好王敏所在的汕头市曲艺团到府城演出，亲戚托人买了两张票，带他一饱眼福耳福。于是，他成为谈论王敏的权威，自豪感满满。有时兴起，他便绘声绘色，手舞足蹈地模仿起王敏。这位农民兄很瞧不起我，因为我是汕头人，却居然不认识王敏甚至没有看过他的演出。

有缘遇的人迟早会交集。我回城工作之后，主业之余到市工人文化宫当文化义工，王敏也是文化义工队伍的一员。我当时主要搞曲艺创作，是工人业余故事队的艺术指导，他搞曲艺演出，也搞创作，是故事队的顾问。因为同好，所以走得近。工人业余故事队自1973年重建，人丁兴旺，人才济济。但到了1981年，由于种种原因，这支队伍的几名领导成员逐渐离去。总工会宣教部的领导和文化宫主任轮番给我做思想工作，要我带领这支队伍，我坚决辞绝。王先生劝我：“担当起来吧。我们老哥老弟，帮你！”在他的支持下，故事队的队伍保存下来，每周末和节假日的讲古节目坚持到1993年汕头市工人文化宫被拆掉。其中，王先生功不可没。当是时，很多故事员在经济大潮的推动下，都下海“游泳”去，出场故事员严重缺人，王先生是我强有力的后援人员。很多次，故事员误场了，我赶紧打电话向他求援，他只要当时没有演出任务，就立即赶来救场（如果他任务在身，我就只好自己硬着头皮上）。当时故事员每场的出场费是2元，而他去“走穴”，每场不低于20元。对此他毫无计较，而我总觉得愧疚，对不起他，曾向他表示歉意和谢意，他爽朗大笑：“老哥老弟，无讲究钱。”

忙里偷闲，我俩茶叙。我听过他自述的简历。他的简历简而不简：他属鸡的，应该是1933年出生，15岁读初中时，接受革命思想，砸了村里的“老爷庙”，为乡绅们所不容，逃出乡里参加了革命武装队伍。1949年，革命队伍行军作战最紧张的时刻，他却患上疟疾，跟不上队伍的步伐。领导给了他一些钱，让他自己到地方治病。他跑到普宁钟堂一户农民家隐蔽起来。待到他身体恢复健康时，五星红旗已在汕头市的高空飘扬，他估计他所在的队伍也应该进城了。他很高兴，沿着揭阳、潮阳寻找队伍，寻不到，准备来汕头。来到达濠，宿在朋友家。朋友告诉他，解放了，不用打仗了，在哪里工作都是为新社会作贡献，你不必到处奔跑了，就在达濠教书吧。他觉得朋友说得有道理，就在达濠安营扎寨，直到1958年调入汕头市音乐曲艺团，成为潮汕地区家喻户晓的笑星。

#《南澳鱼名歌》等两首

之一 《南澳鱼名歌》[1]

是谁认得天顶星？是谁认得海鱼虾？
相伴月华有七星，南辰北斗出秋夜。
正月带鱼来看灯，二月春只假金龙。
三月黄只遍身肉，四月巴浪身无鳞。
五月好鱼马鲛鲳，六月沙尖上战场。
七月赤鬃穿红袄，八月红鱼作新娘。
九月赤蟹一肚膏，十月冬蛴脚无毛。
十一月墨斗放烟幕，十二月龙虾擎战刀。
海底鱼虾真正多，恶霸歹鱼是赖哥。
海蜇头戴大白帽，乌荚身上穿乌袄。

①中国民间文学集成全国编辑委员会，中国歌谣集成广东卷编辑委员会.中国歌谣集成:广东卷[M].北京:中国ISBN中心，2007.04.

这首流传在南澳岛上的《南澳鱼名歌》一共罗列了18种鱼名，绝大多数都是俗名，如黄只、沙尖、赖哥等。根据各种鱼的形状、色泽、特性以及季节、潮流等情况进行描述，通俗顺口，富有情趣。带鱼喜欢群居，有一定的洄游规律。农历正月，成群结队的小带鱼（俗称白带丝），在南澳海域游动，就像人们相携结伴游赏元宵花灯一样。因此，生动地唱出“正月带鱼来看灯”。墨鱼遍身柔软，在弱肉强食的海洋世界中何以生存？它练就了一套“绝技”：墨鱼身有一个墨囊，贮藏着浓浓的墨液，一旦遇到强敌，它便喷射出墨液，迅速地把一大片海水染黑，像烟幕弹爆炸一样浓烟弥漫，使敌人看不见自己，墨鱼趁此机会向后逃窜，逃之夭夭。故此，《南澳鱼名歌》中有“十一月墨斗放烟幕”，墨斗是墨鱼的俗称。这首民谣最有趣的一句是“二月春只假金龙”。春只鱼学名叫黄姑鱼，而金龙鱼即黄花鱼，俗称红瓜鱼。黄姑鱼和黄花鱼形状相似，但黄花鱼的肉质较为鲜美，鱼鳔也较为贵重，从而身价较高。内陆人难辨真假，常把黄姑鱼当作黄花鱼来卖，捞取好价钱。

之二 《南澳渔家方言歌》[1]

正月人游灯，“九再”脚长欲看灯。

“鲤鱼”看灯从从返，“虎狮”挥笔画“金龙”。

二月是花期，“羊官”骑马欲娶妻。

---

①摘自2005年花城出版社出版的《黄柏长青集》，黄辉孝搜集整理，原文中缺“十月”。

“红口”含唇嘴赤赤，“九舌”嘴歪笑唠嘻。
三月春草青，“花非”“鹿婆”去采花。
遇着“花雕”欲堵路，“苦初”“啼切”难出家。
四月“白梅”目勾勾，“乌鱼”乌乌会梳头。
“鲇鱼”粘粘如肥皂，“批鱼”斑斑心地高。
五月是节时，“鲫鱼”梁长站河边。
“沙虾”踢开三阵咏，“古秉”目眯唔看伊。
六月早稻割满埔，“乌螺”呜呜眉头乌。
井底“金鲤”无路去，“白鱼”一世身銮乌。
七月七夕射路西，“苏君”无娘哭哀哀。
“有鱼”软软身无骨，“白带”为伊学画眉。
八月是中秋，“黄只”“肋鱼”伴“乌溜”。
“鸡安”“龙虾”双戏水，“狗沙”“文容遍海游”。
九月西风飒爽声，“淡甲”拖车路上行。
“乌沙”罗槌拼命作，“鱼乖”手牵“青兰批”。
十一月人食丸，“虹鱼”专惹“胶掠篾”。
“鲟猴”专欺村人脉，“白蜞”问伊是做年？
十二月寒冻人，“鲳鱼”“马胶”成座山。
“凤鱼”生雅兼选婿，“赤头”忆着无禾和。
去请“贵针”来，若是说得“凤娘”肯，
百两白金是你个。“贵针”出来说千般，
“鲳鱼”是个青心肝，回报“凤鱼”伊唔肯，
就要“鳖鱼”做老婆。“红灯”四桥好风向，
“凤娘”看着心生瘾，鳖鱼做正我偏房，

世上也有妻妾能相安。“鲳鱼”气气吔大声，

当初何必假妖精，一夫一妻同偕老，

世上呵恼好名声。“凤娘”自觉无面颜，

今生今世我全完，又生尾巴来拖累，

青春错过了，难逃鬼门关。

我印象中，《南澳鱼名歌》在20多年前就读过，登在某种内部发行的地方杂志上，标题绝对没有“南澳”二字。作者“林典威”，达濠的业余文化人，比我年长10多岁，我们认识。后来，达濠其他文化人告诉我，这歌谣不是林典威先生原创，应该是他搜集整理，因为这歌谣很古老，一直在达濠民间传唱。在写这篇小文的时候，我打电话给在南澳县工作的文化人、地道南澳人黄秦奇、黄培佳两位先生，落实这首鱼名歌的归属。培佳君告诉我：“这首歌谣的确是南澳的，50年前我是小孩子时就听到乡里老人在唱这歌谣了。”秦奇君则说：“这首鱼名歌的确在南澳传唱已久，但饶平海边的人，也在传唱这歌谣，说是他们饶平的。很有可能由南澳传到饶平、达濠，也有可能由达濠或饶平传入南澳。”许多民间艺术作品，都成佚名之作、公共资源。这首鱼名歌也是。这首鱼名歌近几年在汕头市很火，在很多小学和幼儿园广泛传唱。汕头非遗童谣传承人、汕头电台主持人黄斌将其作为教唱的重要教材。两年前，某教授提出相左意见，认为这首鱼名歌是渔歌而不是童谣。我不同意教授的意见，陈述自己的见解：歌谣，也称民歌、民谣，民间文学体裁之一，是人民的口头创作，贴近生活接地气。歌谣的种类很多，有多种划分方式，如这首鱼名歌，顾名思义是渔歌，但因其浅显易懂有趣，小朋友们喜欢唱，所以将它归类于童谣，又有何不可呢？

这首鱼名歌篇幅不长，语言生动有趣，比喻形象，可视作儿童水产知识启蒙教育的好教材。此外，它比较准确表述各月份应时的代表性水产品，为厨者提供食材准备的信息。

如果说《南澳鱼名歌》是水产知识启蒙教育的好课材，那么，黄辉孝先生搜集整理的《南澳渔家方言歌》，则是一份艰深的水产知识答卷。这首歌谣以拟人化的手法，让55种水产品按月份登场。这些鱼名，基本是地方性俗称，非南澳人者，看得一头雾水，而当今南澳人，也不能完全解读得出。这说明，经过岁月的沧桑，有些水产已易名，有些已消逝。这首歌谣，是潮汕渔业史的足音，有多方面的研究价值（当然了，包括潮汕厨艺）。

潮汕人制作海鲜的历史，甚为久远。清嘉庆《潮阳县志》称："所食大半取于海族，鱼虾蚌蛤，其类千状。"对于海鲜，潮汕人总结出了三个原则："一鲜二肥三当时。"《南澳渔家方言歌》以潮汕歌谣常用的十二月歌的形式，总结渔汛，并指出潮汕地区家常海鲜的进食时令。

《潮汕十二月瓜菜歌》

潮汕十二月瓜菜歌[1]

唱出十二瓜菜歌，天地人和喜事多。
风调雨顺潮汕菜，国泰民安和谐歌。
正月食菜孔明葱，郎君牵娘入洞房。
洞房花烛郎欢喜，呵裸娘仔如稚葱。
二月煮羹食飞龙，夫妻和合凤配龙。
劝君勿食半夜酒，免使娘仔挂心胸。
三月韭菜做稚粿，鸳鸯双宿又双飞。
君做半夜英哥鸟，娘做三更夜合花。
四月食菜应菜枝，雨后竹笋正当时。
公嬷堂上交杯酒，夫妻房内诵书诗。

①民间流传歌册。

五月食菜熬苦瓜，咸菜菜脯砂锅粥。
夫妻合力勤家计，苦尽甘来插金花。
六月食菜葫芦瓜，娘伴郎君共赏花。
千子万孙冬瓜籽，早生贵子早登科。
七月食菜应菜心，娶着好牡成知音。
东墩菜豆生双英，并蒂金钗找足金。
八月食菜炖菜头，浮垅菜头白抛抛。
君用银瓶装美酒，娘拍金狮好意头。
九月食菜喀篮样，上好喀篮出桃山。
君惜娘仔娘惜婿，美满姻缘如漆胶。
十月食菜大菜丛，红烧猪脚敬老人。
家庭和睦相敬爱，心心相印手相牵。
十一月菜煮但窝，银行存款多又多。
金玉满堂番茨芋，家家户户金银窝。
腊月白菜叠芫荽，生葱熟蒜食平安。
吉星拱照纳万福，福份厚重潮汕人。
韩江自古流至今，大地物产四时丰。
山欢水笑民欢乐，瓜菜美食传古风。

我是最近才见识的《潮汕十二月瓜菜歌》。作品中有“银行存款多又多”“山欢水笑民欢乐”的句子，以及从整体行文的格调看，我认为是中华人民共和国成立后才创作的作品。作品没有署名——民间歌谣大多如此，口口相传，不断修改流传。这作品流传到我耳朵里是一个音频，说是潮州歌册。这就不对了，潮州歌册有严格的写作规则，我在《王敏先生和

〈潮汕物产歌〉》一文中已有述及，此处不赘。

首先应该肯定《潮汕十二月瓜菜歌》的构思技巧，它以歌谣的形式，介绍了潮汕十二个月的时令代表蔬菜，并且基本准确。基本准确，就是尚有商榷之处，如“二月煮羹食飞龙”，飞龙应该是十二月适时；“三月韭菜做雅粿”，其实二月韭菜最抢手，潮汕有俗语“正月囝婿，二月韭菜”可证。包含的内容也较少，12个月中罗列的菜名只有“葱、飞龙（菠菜）、韭菜、应菜（蕹菜）、苦瓜、葫芦瓜、冬瓜、菜豆（豆角）、菜头（萝卜）、啰篮（芥蓝）、大菜（芥菜）、但窝（茼蒿）、芋、白菜、芫荽、蒜”等16种。潮汕的应时代表瓜菜，何止这16种呢？各个月份的应时菜，何止一二种呢？吊瓜、秋瓜、番瓜、番茄、荷兰薯、苏木薯、白薯、姜薯、荷兰豆、春菜、芹菜、椰菜、包菜等大路菜，潮汕瓜菜的内容太丰富了！希望有更多的热心人，不断充实《潮汕十二月瓜菜歌》。当然了，这必须用传统农耕的视角来续写，倘若以“大棚种植”的经验来看问题，那就另当别论了。

瑕不掩瑜，《潮汕十二月瓜菜歌》是潮汕民谣中较好的作品。

下篇

艺术篇

艺术来源于生活而高于生活。潮菜艺术植根于潮汕民间，并随着经济、社会和文化而不断发展，也随着人们的生活水平而不断提高。黄挺老师指出：民以食为天，从求饱，到求好，到求巧，饮食又与人类文明的开始和文化的发展结伴而行。因此，从生食到熟食，从自然烹饪到科学烹饪，或给人以心灵的滋润，或给人以深刻的启迪，或给人以美好的期望，满足人们对美好生活的向往。

如果说潮菜文学是用“文”的作品，表达对潮菜的“情”，那么潮菜艺术则是以“艺”的造型，反映潮菜的“美”。

俗话说得好，“高手在民间”。据记载，潮汕地区政治、经济和文化的中心，从古代以潮州为中心，到现代以汕头为中心，经历了1000多年的历史。潮人从古代走向现代，在历史的发展长河中，磨砺了坚忍的意志，积累了丰富的经验，掌握了精湛的技艺。潮菜艺术也植根于潮人生存、生产和生活之中，并跟随潮人的足迹，从过去走向现在，留下了一串串的印记。有书画作品：赖少其和邢凤麟、邢凤梧三人的《潮州菜馆小叙》；方成的《工夫茶》（漫画）；王兰若、张华云的《龙虾》；林伦伦的《鹅》；陈丁的《丙辰四年祭》和《山芋》等。有木雕和剪纸作品：杨坚平的《蟹篓》《虾蟹篓》《鱼虾蟹篓》；陈传生的《虾枣》等。有果蔬雕刻作品：林若龙的《潮汕风光》和《一湾两岸》及系列作品。有网络插画作品：陈植如、梁美纯的《潮味天下》和肖雨桐的《潮汕美食系列插画》。有潮州大锣鼓作品：陈旭东的《抛网捕鱼》和《双咬鹅》等系列作品。有潮语歌曲和舞蹈作品：李绪杰《我爱潮汕小吃》和《潮汕》，陈嘉的《拍牛丸》和蔡嘉莹的《粿》。

第一章 书画

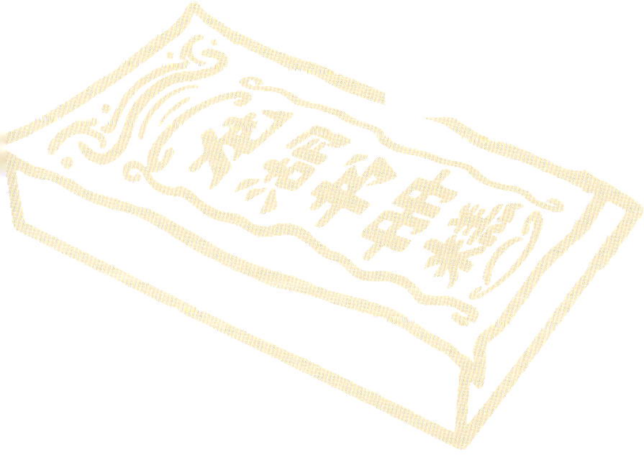

书

赖少其和邢凤麟、邢凤梧的《潮州菜馆小叙》

潮州菜馆小叙

邢凤麟

己巳（1989年）仲夏夜，偕数同好陪老画家赖少其伉俪宴于深圳沙湾之潮州菜馆，专点鲜薄壳一类小食，皆家乡风味，席中对答甚欢，如入童年梦境也。

关外绿荫映酒旗，绕梁潮乐系乡思。
客来满座心常热，人去路香茶不离。
小店能招天下客，正宗潮菜犹应时。
清淡巧雅高风在，色味香型无俗气。
白芋红薯皆入宴，响螺白灼拌蒜泥。
鱼饺鱼丸脆而软，滋补清宫炖水鱼。
飞鸟联香变凤孙，游虾得味成龙子。

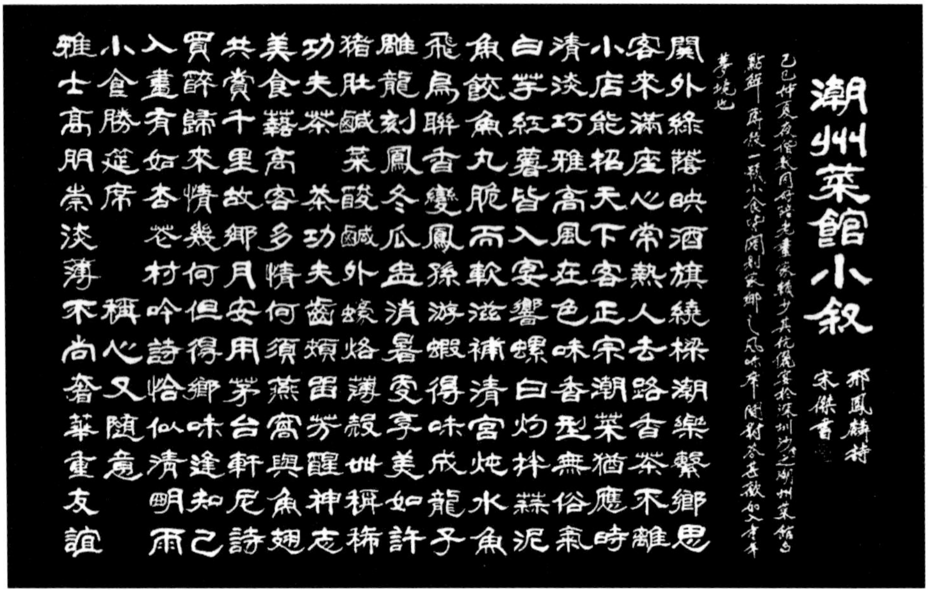

邢凤麟诗，邢凤梧书

雕龙刻凤冬瓜盅，消暑更享美如许。

猪肚咸菜酸咸外，蚝烙薄壳世称稀。

工夫茶，茶工夫，齿颊留芳醒神志。

美食艺高客多情，何须燕窝与鱼翅？

共赏千里故乡月，安用茅台“轩尼诗”。

买醉归来情几何？但得乡味逢知己。

入画有如杏花村，吟诗恰似清明雨。

小食胜筵席，称心又随意。

雅士高朋崇淡薄，不尚奢华重友谊。

1989年，一个月白风清的仲夏夜，著名学者邢凤麟先生等几位同好陪著名画家赖少其先生伉俪到深圳沙湾的潮州菜馆，专门品尝薄壳一类的乡味小食。大家欢聚畅谈，对潮州菜赞不绝口，洋溢着浓浓的思乡情怀。邢凤麟教授感触良多，写下了《潮州菜馆小叙》这首诗。

潮州菜馆由潮州政府投资，餐厅不大，没有大酒楼的豪华气派，但整洁素雅；厨师都来自潮汕地区，做的是正宗潮州菜。菜馆位于特区外的沙湾，故诗中称为“关外”。

全诗内容丰富，激情澎湃。诗中描述了10道潮州菜。

潮州菜是中国四大菜系之一粤菜的主干，是中外烹饪界的一朵奇葩。潮州菜选料考究，制作精细，其清而不淡，鲜而不腥，嫩而不生，肥而不腻等特点深受大众的喜爱和称赞，享誉海内外。“清淡巧雅高风在，色味香型无俗气”点明了潮州菜的特点。诗中的“白芋红薯”，食材是芋头和红薯，看似普通，却是传统名菜，雅称“金玉满堂”，浓甜香滑，回味无穷。“响螺白灼”，响螺，学名香螺，白灼能够保持原味，鲜美可口。“鱼饺鱼丸”，都是传统特色小食。潮州鱼饺，取肉质细腻、鲜嫩海鲜为原料制成饺皮，以赤肉、白肉剁成肉茸为馅。潮州鱼丸，将海鱼除头去骨，鱼肉拍打搅烂，加上佐料制成丸状。鱼饺绵软，鱼丸爽脆。鱼饺鱼丸汤，清甜素美。“清宫炖水鱼”，是潮州菜重视养生的一大特色，既能美口腹，又能增强体质，养生保健。“飞鸟联香变风孙，游虾得味成龙子。”极言乳鸽和鲜虾的美味。“冬瓜盅”，潮汕传统名菜，做法是把冬瓜切半成盅形，当作盛放馅料的容器，蒸制后食用，汤中有冬瓜的清香，冬瓜肉里有馅料的味道，互相映衬，消暑清热。冬瓜皮上还雕龙刻凤，体现了潮菜精巧的制作工艺，让顾客赏心悦目。“猪肚咸菜”，味在酸咸外，干炒、煮汤皆宜，可口开胃，是潮汕地区餐馆和家常的特色美食。“蚝烙”，是潮汕地区的一道特色小吃，闻名海内外。无论是城镇酒楼，还是乡村小店或摆摊小贩，多有这种小吃，家庭也作为招待客人的上菜。做法简单，用地瓜粉溶于水，拌葱珠，倒在一个平底的铁锅上，加上生蚝，再下蛋花，煎熟取起，撒上芫荽“叠盘头”，蘸点鱼露、胡椒粉即可吃。酒楼饭店做的蚝烙通常生蚝蛋花较多，粉水较少，故成品嫩爽酥香；家庭一般粉水较多，生蚝蛋花较少，故成品滑润香美，各有特点。“薄壳”，学名寻氏肌蛤，俗称薄壳、海瓜子等。味道鲜美，营养价值高，经济实惠，是潮汕人饭桌上的主角！

“工夫茶，茶工夫”，工夫茶，是潮汕地区特有的传统饮茶习俗，蜚声四海。茶具小巧精致，沏茶、饮茶有一定的程序和礼仪，荟萃了中国茶道文化的精粹。潮汕人特别喜欢喝工夫茶，有潮人的地方，便有工夫茶。品茶是潮人生活中不可缺少的一部分。更值得一提的是，潮州菜与工夫茶有着密切的关系。一桌正宗的潮州菜筵席中，一定要加上几巡潮州工夫茶。这是其他菜系所没有的，只有潮州菜才有的特色。客人一边品尝美味佳肴，一边喝上几口清茶，顿觉齿颊留芳，开胃消滞，神清气爽，谈笑风生，何等快乐。

诗中提到的潮菜，属于中低档，有的还是寻常百姓家常便菜。这就是他们专门来品尝乡味的本意，正如诗中写道：“雅士高朋崇淡薄，不尚奢华重友谊。”

这首古典长诗，对仗工整，音韵和谐，描述生动，情真意切，香喷喷的潮菜，跃然纸上。此诗又有民歌的特点，读来朗朗上口，深受感染。潮乐潮菜，乡音乡味，荡漾着缕缕乡情，令人如回童年梦境。（陈邢准评析）

赖少其（1915—2000），广东普宁人，斋号木石斋，是杰出的革命文艺战士，更是中国当代著名书画艺术大师，中国当代画坛领袖之一，有“艺坛圣哲”之称，在日本被称为“中国画伯”。他独创的“以白压黑”

技法，使其成为新徽派版画的主要创始人。曾任安徽省政协副主席、华东美术家协会党组书记、安徽省美术家协会主席、中国版画家协会副主席、上海美术家协会副主席、广东美术家协会名誉副主席等。1996年被授予鲁迅版画奖。著有《花卉册》《赖少其山水画集》《赖少其自书诗》等。

邢凤梧（1931—2003），广东潮州人，笔名宋杰、凡木等，著名学者、文学家、书法家。曾任广东省韩山师院副教授，中国老年书画研究会会员，广东省书法家协会会员，中国台北故宫书画院名誉院长、客座教授。著有（含合作）《冯云山》《冯云山评传》《邢凤梧纪念文集》《邢凤梧书法》等。其生平艺事录入《中国现代书法界人名辞典》《中国当代艺术界名人录》《世界名人录·中国卷·第一卷》《潮汕人物辞典》等多种辞书。

邢凤麟（1937— ），广东潮州人，著名学者、历史学家、书法家。曾任广西社会科学院副院长、深圳市博物馆馆长、深圳市文化局副巡视员、深圳海外诗书画艺术联谊会会长等。著有（含合作）《冯云山》《冯云山评传》《天国史事释论》《深圳城市史》《邢凤麟墨迹》等。其生平艺事录入《中国现代书法界人名辞典》《中国当代艺术界名人录》《中国社会科学家大辞典》《现代国际潮人名人录》等多种辞书。

陈邢准，原籍潮安，1961年生于汕头澄海。广东省潮汕经济文化联合会顾问、深圳市韩江文化研究会名誉会长、深圳市潮汕商会文化顾问、深圳市汕头澄海商会名誉会长。在深圳出版社（原海天出版社）从事编辑出版工作30多年，责编出版图书300多种，8000多万字；10多部图书获得省、国家各类图书奖。发表大量文学作品和书法作品，著有（含合作）《父亲走过四季——邢凤梧传》《中学生怎样写议论文》《中学生怎样写记叙文》《现代汉语虚词》《情诗·修辞》《十用成语词典》《十一用字典》《同义词反义词词典》《潮州方言大辞典》等。

林伦伦的《鹅》

鹅八珍

作品《鹅》里面有三个要素，一是题目“鵞”字，它是现在“鹅”字的异体字，在《康熙字典》中有记录。二是作品中关于《鹅》的诗作，是张华云先生的《嘖咕卤鹅》内容，诗作、书法作品、卤鹅美食，这三者正是嘖咕卤鹅得以传扬的所在。三是作品赠予的“余壮忠兄”，乃是汕头卤鹅老字号日日香鹅肉饭店的创始人余壮忠。日日香创立于2003年，是汕头澄海区一家有15年历史的卤鹅老字号。

壬寅年的季夏，林伦伦教授应邀到澄海讲学，同时还开展潮菜美食田野调查，受到澄海卤鹅制作技艺非遗传承人、澄海区日日香餐饮管理有限公司创始人余壮忠先生的热情款待。饮席中，大家品尝“日日香”的拿手好菜，特别是卤鹅特色菜之后，赞不绝口。林教授也答应即兴书写“鹅”

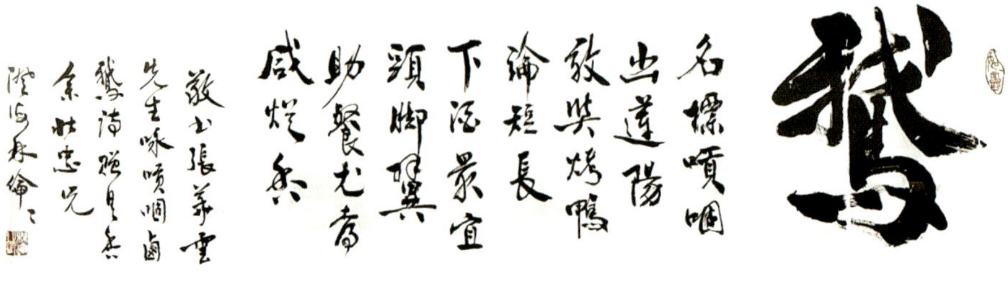

字，赠送日日香余壮忠兄。书法作品《鹅》悬挂于日日香鹅肉饭店。

林伦伦教授题写一个“鹅”字，并敬书张华云先生的《喷咕卤鹅》诗一首。体例别具一格，独特新颖；内容表意明确，恰到好处。书写的这个字是“鹅”的异体字。现行汉字规范中的“鹅”字很独特，是汉字中唯一一个结构上下左右可以灵活互换的汉字，即“鹅”“鵞”“鵝”“䳘”。“鹅”又有寓意吉祥、幸福和长寿的祝愿，更是余壮忠兄“日日香”的非遗传承和经营管理主题。同时敬书张华云先生的《喷咕卤鹅》脍炙人口名诗：“名标喷咕出莲阳，敢于烤鸭论短长。下酒最宜头脚翼，助餐尤喜咸烂香。”由“鹅”展开的相关美食菜式层出不穷，其中头、脚、翼是卤鹅最好吃的部位；咸、烂、香是卤鹅最具特色

鹅全宴

的味道。这幅书法作品既表达了林伦伦教授对家乡卤鹅的深厚感情，又高度赞赏“日日香”的特色经营管理，更是体现其博学多才，别具匠心，真不愧是语言学的大家。

日日香鹅肉饭店是汕头市澄海区一家老字号卤鹅店，创始人余壮忠秉承着“日日香”和“喷咕”卤鹅秘制风格、精湛技艺，以百年老店的卤鹅技法为核心，对具有“世界鹅王”之称的巨型狮头鹅进行精心研究，大胆改进配方，更新搭配佐料，转变“老卤”换“新卤”，推出独具一格的卤制特色技艺，打造自主的品牌“汕特日日香”。日日香鹅肉饭店创始人余壮忠，是“日日香”品牌第三代传承人，也是澄海“喷咕”卤鹅第五代传承人。他在卤鹅文化创新上，研制了“鹅八珍”，还开发了“全鹅宴”，荣获汕头市非物质文化遗产卤鹅制作技艺传承人的称号，“日日香”也成为潮汕美食的一块金字招牌。

林伦伦，广东技术师范大学二级教授；中国语言资源保护工程核心专家组专家、广东省首席专家；国际潮学研究会学术委员会主任；曾任汕头大学副校长、广东技术师范学院副校长、韩山师范学院校长。

谢佳华的《潮菜诗词书法作品》

初南食贻元十八协律

韩愈

鲎实如惠文，骨眼相负行。
蠔相黏为山，百十各自生。
蒲鱼尾如蛇，口眼不相营。
蛤即是虾蟆，同实浪异名。
章举马甲柱，斗以怪自呈。
其馀数十种，莫不可叹惊。
我来御魑魅，自宜味南烹。
调以咸与酸，芼以椒与橙。
腥臊始发越，咀吞面汗骍。
惟蛇旧所识，实惮口眼狞。
开笼听其去，郁屈尚不平。
卖尔非我罪，不屠岂非情。

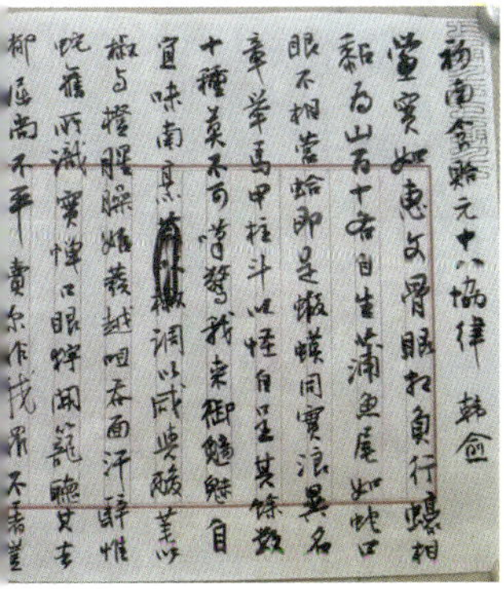

不祈灵珠报，幸无嫌怨并。

聊歌以记之，又以告同行。

诗中是说“调以咸与酸，芼以椒与橙”，“调”就是烹调，“芼”就是覆盖的意思，也就是菜式端上桌之后，由食客根据喜欢的程度，来蘸酱料，反映了中晚唐时期潮州菜的两个主要特色，一个是食材丰富，另一个是配料为主，所以这首诗被誉为中唐潮州菜的忠实写照。

除夕访子野食烧芋戏作

苏东坡

松风溜溜作春寒，伴我饥肠响夜阑。

牛粪火中烧芋子，山人更吃懒残残。

雨中招吴子野先生

苏辙

柴门不出蓬生径，暑雨无时水及堂。

辟谷赖君能作客，暂来煎蜜饷桃康。

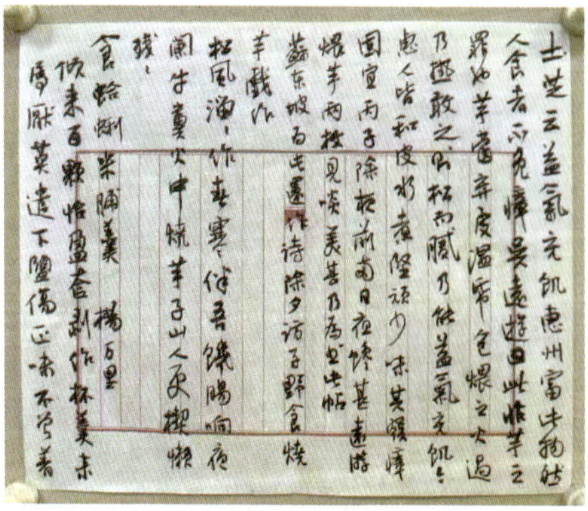

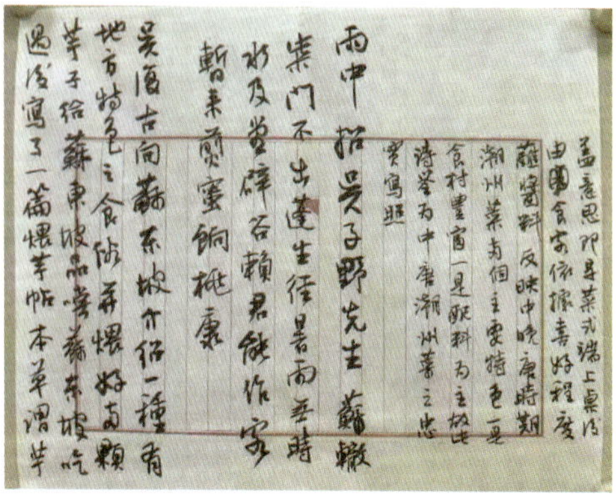

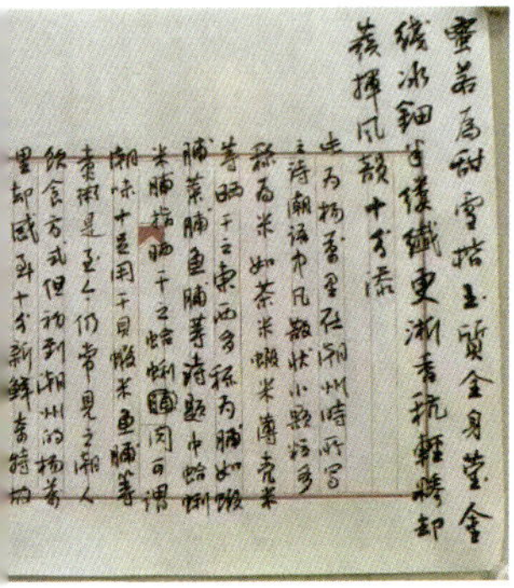

上元日城楼晚望

咸丰举人杨淞

梨园弦管春城闹，

泽国鱼虾晚市饶。

莫怪海滨称富庶，

夜来街火烛烟霄。

食蛤蜊米脯羹

杨万里

倾来百颗恰盈奁，剥作杯羹未属厌。

莫遣下盐伤正味，不曾著蜜若为甜。

雪揩玉质全身莹，金缘冰钿半缕纤。

更淅香粳轻糁却，发挥风韵十分添。

潮语中凡散状小颗粒多称为“米”，如茶米、虾米、薄壳米等；晒干的东西多称为“脯”，如虾脯、菜脯、鱼脯等。诗题中的“蛤蜊米脯”指晒干了的蛤蜊肉，可谓潮味十足。用干贝、虾米、鱼脯等煮粥，是至今仍常见的潮人饮食方式。但初到潮州的杨万里却感到十分新鲜奇特，所以用他的生花妙笔将其写入诗中。

谢佳华，广东汕头人，中国书法家协会会员，中山大学、韩山师范学院“詹安泰研究所”特聘研究员，广东省书法家协会理事，汕头市书法家协会主席，汕头书法研究院院长。

作品多次入展原文化部和中国书法家协会主办的专业届展，获中国书法家协会第二届“德艺双馨”会员称号。入选《书法》全国第二届中青年书法家百强榜。入展西泠印社“首届中国书法大展”、全国百家应邀书写《西泠印社记》。赴俄罗斯参加中俄建交70周年“伟大的中国书法与国画作品展”。数度赴俄罗斯和日本等国家举办个人书法作品展及学术交流、书法讲座。应邀赴俄罗斯、英国、澳大利亚、日本、韩国、泰国等国家举办个人作品展，以及中国香港、澳门和内地10多个城市举办个人书法作品展、学术交流和书法讲座。出版专著、发表论文近200万字。主编《潮汕书法史稿》，论文入选《庆祝建国45周年广东书法论文集》《岭南书法论坛论文集》《詹安泰研讨会论文集》《岭东五市书法论坛文论集》等。散文集《沂园笔记》获第五届冰心散文奖。作品被中国艺术研究院、西泠印社、广东书法院、陆维钊书画院等单位及地方博物馆、美术馆收藏。

对潮汕美食的赞赏，书法家谢佳华常溢于笔端。他用8个字点睛粿汁：“爽口嫩滑，味鲜不腻”。称其制作简单：用米浆煎熟烤干，放入沸水煮，调入精盐、糯米粉，配以卤肉、卤蛋、腊肠等佐料，就是大众化的传统特色小吃。

陈崇智的《潮州工夫茶歌》

陈崇智，男，侨居泰国。1954年出生于中国广东汕头澄海的千年古村落（国家级文化古村落）程洋岗乡德济堂中医世家。受家传影响，自幼喜爱书法与音乐，长期研习颜柳体楷书及中国传统民族乐器琵琶，有相当的造诣。他也喜爱潮菜美食和工夫茶，特别推崇张华云先生的潮汕工夫茶茶道精神：和、爱、精、洁、思。对《潮州工夫茶歌》更是情有独钟。因此，在癸卯年的仲夏之夜，参加泰国中华总商会晚宴之后，于泰国曼谷寓居即兴挥毫，创作了书法作品《潮州工夫茶歌》。

现任泰国泰华书法促进会副会长，海外暨港澳台中国书法家协会会员，中国名家联合书画艺术院院务委员会委员。2010年以来，参加国际大展和大赛有：美国、加拿大、意大利、法国、日本、泰国、韩国、新加坡。在国内参展和参赛有：北京、上海、天津、辽宁、陕西、四川、广东、山东、福建、浙江、甘肃兰州、内蒙古、云南等及台湾、香港、澳门。

2012年9月书法作品《泰国潮州会馆会歌》参加亲情中华首届世界华侨华人美术书法展，在北京中国国家博物馆展出，展后作品被中国国家历史博物馆收藏；2013年书法作品《将进酒》参加由原文化部、四川省人民政府、联合国教科文组织、中国联合国教科文组织全国委员会主办的“笔墨东方2013中国书法艺术国际大展”。2014年作品入选“韩国碑林博物馆《论语》碑林中国书法家刻碑入选名单”，书法作品入刻韩国济州岛碑林博物馆中的碑林。2021年作品入刻浙江乐清“国际书法名家书写王十朋诗词石刻碑廊”。2023年9月，书法作品参加“盛世中华，复兴有您”活动，被中国邮政印刷到澳门邮票上面发行。

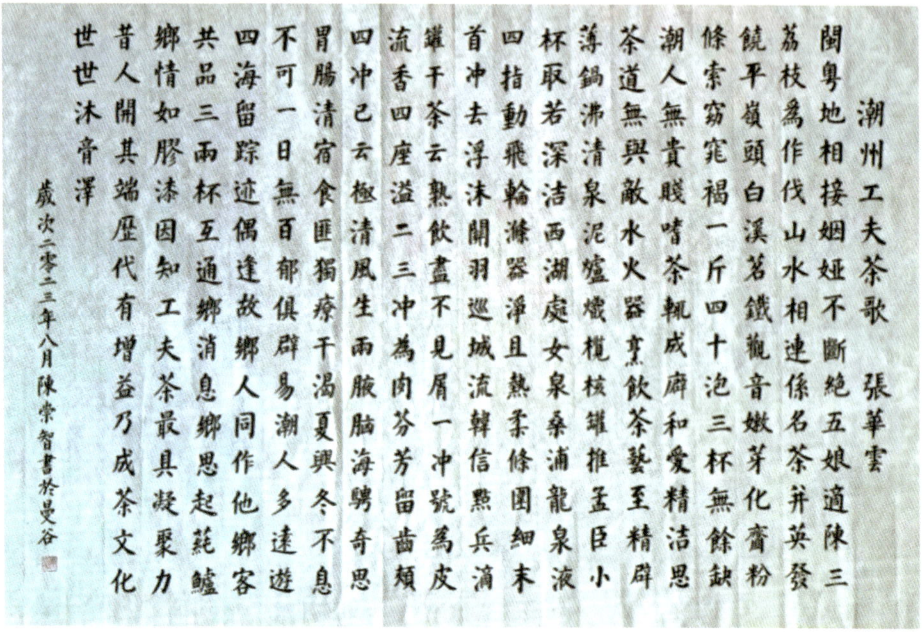

画

方成的《工夫茶》（漫画）

方成书画《工夫茶》之一

工夫茶

方成

一九九一年元宵节游汕头、潮州，受殷勤款待，赐饮功夫茶有感。

此间喝茶讲功夫，大把茶叶塞满壶。

初尝味道有点苦，苦尽甘来好舒服。

1991年元宵节，著名学者邢凤麟先生和漫画大师方成先生一行到潮州、汕头欢度元宵佳节，受到有关部门的热情款待。方成先生看到主人沏茶、饮茶的方法和方式很特别，有感而发，画了一幅漫画，并题上此诗。邢凤麟先生也挥毫题写此诗。

工夫茶是潮汕地区特有的传统饮茶习俗，蜚声海内外。潮州工夫茶，是融精神、礼仪、沏泡技术、巡茶技术、评品质量为一体的完整茶道形式，对茶叶、水质、茶具、冲法、饮法都大有讲究，荟萃了中国茶道文化的精粹。潮汕人特别喜欢喝工夫茶，有潮人的地方，便有工夫茶。品茶是潮人生活中不可缺少的一部分，也是潮人接待宾客的一种民俗礼仪。正如著名散文家秦牧先生说的，“敝乡茶事甲天下”。

方成先生的漫画和诗，生动传神地勾勒出潮州工夫茶的特点，诙谐幽默，雅俗共赏。诗中“苦尽甘来”，寄寓着深刻的人生哲理，也反映了潮州工夫茶具有丰富的文化内涵。（陈邢准评析）

方成（1918—2018），原名孙顺潮，杂文笔名张化。祖籍广东中山，生于北京。漫画家，杂文家，幽默理论的研究专家。擅长漫画，与丁聪、华君武并称“中国漫画界三老”。曾任人民日报社美术编辑、高级编辑、中国美术家协会常务理事、《讽刺与幽默》编委、中国新闻漫画研究会会长等。著有《方成漫画选》《幽默·讽刺·漫画》《滑稽与幽默》《方成连环漫画集》《笑的艺术》《报刊漫画》《漫画艺术欣赏》《方成谈漫画艺术》等。主编世界著名漫画家传、集多种。多幅作品为中国美术馆收藏。

邢凤麟和陈邢准简介见P.163。

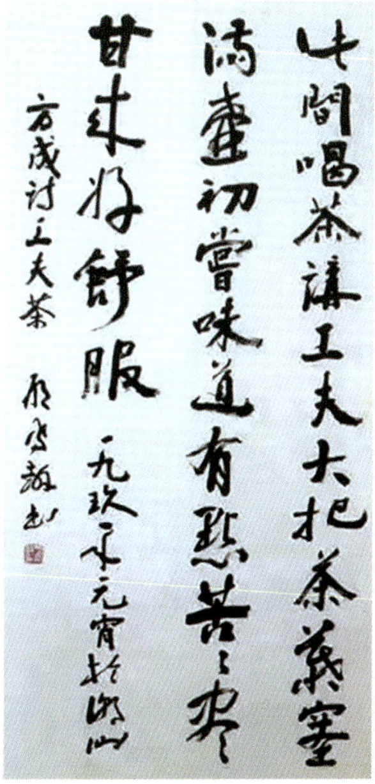

邢凤麟书

方成书画《工夫茶》之二

王兰若、张华云的《龙虾》

王兰若画《龙虾》

调寄昭君怨

张华云 词

百战英姿萧飒，披挂兜鍪铠甲；
生长帝王家，戍龙沙。
海晏河清人乐，图像夸功麟阁；
彩笔染丹青，绘真形。
自是肌肤胜雪，装点须眉似铁；
裂土爵王孙，作屏藩。
误落渔人网罟，宣向东厨论处；
值美景良辰，饷佳宾。

癸卯年深秋的一天晚上，我们与许祥熙先生一起聚餐。因为对潮菜美食喜好，饮席间便谈起了许多名人与潮菜美食轶事。许祥熙先生是张华云先生的女婿，他给我们讲述了一个动人的故事：王兰若先生和张华云先生是揭阳普宁的同乡；在汕头工作，张华云先生是汕头第一中学的校长，他还是“伯乐”，请来了王兰若老师任教美术，又成为汕头第一中学的同事；他们两人在汕头居住更是楼上楼下的好邻居，这真是“亲上加亲”。又因为他们对文学和艺术爱好相同，皆情有独钟，因此平时串门茶聊成为家常便饭。刚好有一天，王兰若老师在惠来靖海的学生送来一篓龙虾，楼上楼下邻居共同享受一顿高级龙虾美餐。餐后津津乐道，便有了王兰若老师的《龙虾》和张华云先生的《调寄昭君怨》，这真是丹青妙笔，难得佳作。同时，许祥熙先生还即兴打了电话，吩咐家里亲人拍摄《龙虾》这幅画发送过来，让我们一起享受《龙虾》的“美食大餐”。

王兰若（1911—2015），原名勋略，曾用名者、庵，别名爱绿草堂主，广东揭阳人，当代著名中国画家和美术教育家，擅长中国画。1935年毕业于上海美专国画系，1947年曾求学南洋群岛，历任广东汕头地区中学教员、教务主任、校长，汕头市工艺美术研究所专业画家，汕头画院副院长、名誉院长。

张华云简介见P.062。

陈丁的蟹和芋

山芋

陈丁先生庚申年（1980年）写于清明节贴近现实生活的写意小品《丙辰四年祭》，描绘的是潮汕缅怀先人的节令食材，以白菜、螃蟹、香菇、辣椒入画，画面饱满又富有层次，色彩搭配中通过冷暖色呼应和深墨的巧妙运用，螃蟹的鲜美，香菇的厚实，白菜的清雅，呈现一种简洁概括而又浓厚的生活气息，落款里更有心中的追思和乡愁。

《山芋》这幅作品，首先会被芋背几笔苍劲有力又疏落有致的浓墨线条吸引，不单突出芋头的结实粗壮，又和下方芋腹相对柔和的用笔形成虚实呼应、软硬兼有的视觉效果，飘逸的芋叶忽略了原本该有的绿色，而采用橙褐和轻墨晕染，让作品从构图和意境上达到更佳的高度。

如果仅从笔墨和绘画技巧层面去解读《山芋》，显然还是不够的，从“此物有时也可果腹”的落款里，我们还应该感受到在物资匮缺年代文人的辛酸和精神追求，先生在清贫甚至挨饿的寻常日子里，还带着对人间烟火气的热爱，以及对自然馈赠感恩的真挚情怀。

陈丁先生，原名陈赞廷，中国书法家协会会员、广东省书法家协会荣誉理事、汕头市书法家协会名誉主席，汕头市鮀浦蓬人，故自号蓬山人，并称其居室为蓬山居，可见其故乡情结之难解。我既与陈丁先生同为蓬洲人，两家祖屋斜对门，而且其一弟妹还是我的中小学同窗，故从小即过从甚密，知之颇多。

丙辰四年祭

陈植如、梁美纯的《潮味天下》

策划设计长达16米巨幅手绘——“民国潮汕老街的记忆”的创意来源于“海滨邹鲁，美食之乡”汕头脍炙人口的街边小吃。鲜香味美的精细潮菜，让人回味无穷，流连忘返。许多人因美食爱上这座城市。我们在做潮汕美食文化青少年研学的时候，很多父母和爷爷奶奶都喜欢来参加，回忆起自己的童年，感慨万分。我们在想，如果能把老辈们的念想，将当时的工作生活场景通过生动有趣的插画还原展现出来，让年轻人去感受那个年

代的文化气息，以及场景背后所传递的潮汕人工匠精神，是一件挺有意义的事。

我们把时间定格在最具汕头开埠文化特色的民国时期。插画内容以“潮”为主线，通过展现潮汕特色饮食文化如“工夫茶”“炒粿条”“牛肉丸”“无米粿”“蚝烙”“壳桃粿”等潮汕特色美食，串联起“红头船”“剪纸”“潮绣”“潮剧”“竹编”等潮汕民俗工艺，并佐以老市区街景，将民国时期具有潮汕特色的潮食、潮艺、潮景、潮俗，非常生活化地融合在一起，表达一种家乡的情怀和追忆。当时除了正餐外，潮汕人喜欢制作各种小吃作为零食或下午茶，比如牛肉丸、无米粿、糖水糕点等。这些小吃通常是由家庭成员一起动手制作的，画面充满了温馨和快乐，通过共同参与食物的准备和烹饪过程，家庭成员之间增进了亲情和感情交流，建立了深厚的情感纽带，并且传承了潮汕独特的饮食文化。

16米的长幅作品由8个场景组成。

1.粽子：老厝四点金天井下，家人一起包粽子。

陈植如、梁美纯的《潮味天下》（局部）

2.红桃粿：老厝巷口三角梅下，潮汕阿嬷的手艺。

3.蚝烙、无米粿：小时候的街边巷口，民间大厨，街边老建筑 ，下课流口水的孩童。

4.粿条铺：拉车夫，食客，素味炊烟乡愁情。

5.老行当手艺人：写灯笼 ，涂炉火炭，厝下食茶。

6.老妈宫：潮剧《桃花过渡》，三牲花篮，国泰民安，风调雨顺。

7.剪纸潮绣：大门年画，孩童树下剪纸，娘绣花，巧媳精工细作。

8.红头船：海关大楼，潮人过番暹罗，番客情。

我们还将这种趣味性的插画方式延伸到食品包装、就餐环境、研学活动等等，着实吸引了更多孩童和青年主动去了解历史，这也是我们当时的策划初衷。

“你将潮汕美食吃进嘴里，我却将它画在纸上”。这是陈植如创作《潮味天下》时的一句经典名言。

海滨邹鲁，美食之乡。汕头精工制作的街边小吃，鲜香味美的精细潮

陈植如、梁美纯的《潮味天下》（局部）

菜，让人回味无穷，流连忘返。许多人因美食喜欢上汕头这座城市，但对于美食、习俗背后的传统文化却知之不多。作品《潮味天下》，长16米，是陈植如的代表作之一。该作品以潮菜美食为主线，由8张含有故事主题场景的画作构成，将潮汕手艺、风俗、工艺精神，融入美食文化之中。它表现的是潮汕地区民国时期汕头的繁华街景，当红头船、海关钟楼、各式美食等潮汕元素以插画风格出现时，许多年轻人都感到亲切又温暖。

陈植如说：“原先我们是在外的潮汕学子，一直都很怀念当时潮汕宫庙的文化，小时候做粿、做粽球都是家里奶奶、妈妈在做，非常怀念这种味道，就想以阿嬷为主角，阿妈在老厝里面做粿和粽球的场景来表现。后来我们规划的场景是16米，以潮汕风情街，以8幅画方式衔接下去，保持一个连贯性，同时把潮汕文化的元素融合在这个场景之中，就如我们小时候看的那种连环画，构成一幅美味动人的故事。”

陈植如又说：“这8幅画包括有阿嬷做粿，在小摊中做无米粿等非常传统的小食，原始摆摊的淳朴生活，还有我们的手工手艺，潮汕工艺，例如画灯笼、做竹篮这些，还有潮汕产品、老妈宫的建筑、潮汕嵌瓷非常经典的工艺精华、潮剧，包括美食炒粿条，公鸡碗，还有当时游子回来的时候搭乘的红头船，潮汕的文化代表，当时的老建筑，中西结合非常漂亮的建筑元素，结合在一起。我希望是还原一个真实的潮汕文化，虽然现代有很多创意，我还是想尽量把（以）中国传统的手画方式记录下来。”

陈植如的合作伙伴梁美纯对记者说：“这样一个90后的插画师能够来做这样事情，我觉得非常难得。作为我们潮汕人，我们也希望有这种才能的年轻人能够更多地去了解潮汕文化，将潮汕文化的东西，通过他们非常生动的表现方式表现出来。让更多来我们潮汕玩的外地人觉得潮汕除了吃之外，还有这么多内涵可以理解，可以尝试一个粿、蚝烙，还能了解粿背后的故事、蚝烙的故事，我觉得这是一个非常有魅力的切入点。”

陈植如说，每座城市都有别致的风土人情，像潮汕人家就有着许多传统民俗文化活动。每逢时节都会精心制作一些传统美食，来祭拜神明、怀念先祖。但随着社会的发展，传统文化氛围逐渐淡薄，越来越多的民俗文化被年轻一代遗忘。之前，陈植如曾绘制了一套潮汕食俗系列插画，反响不错，得到大家的肯定。近期，她又以一份老明信片的形式，展现潮汕传统时节食俗，让大家可以一同重拾过去的时光，追溯潮汕人家的光阴故事。

“我们潮汕有八大节，都是非常隆重的，所以我就在想，这些食俗，很多外地人都不了解。我就想以插画设计的方式，把它做成有复古的质感，很多人想要收藏（的作品）。很多朋友问我，你这幅画以其他方式分享或者授权给我，我们也想收藏这些作品。”陈植如说。

正月初七吃七样羹、元宵节里做莲花灯、清明节吃朴籽粿……通过这套插画作品，大家可以图文并茂地了解到潮汕传统的文化。两年来，陈植如创作的潮汕系列作品在网络上广泛流传，因此也吸引了一些经营潮汕美食的传统老字号邀请她共同创作潮汕经典小吃的系列插画。

潮汕老字号吉祥粿品负责人范少玫说：“我最喜欢的是这幅《三笼齐》，其中有说到我们潮汕的红头船，还有酵粿、菜头粿和甜粿，这些东西都是我们以前小时候经常接触的东西，所以我们一看到这些甜粿，就想到妈妈在家里煎甜粿蘸鸡蛋的幸福的感觉，所以看了就觉得非常有感觉，就很喜欢。”

短短两年间，陈植如已创作了近百幅与潮汕民俗、美食相关的插画，这些作品通过网络和微信朋友圈转发到全国各地，受到海内外潮人的关注。陈植如说，自己还会继续深入学习潮汕文化，用自己的一技之长让传统的潮汕文化通过插画、明信片、墙体装饰画等更多不同的形式来展现，也希望借此让更多年轻人对潮汕文化有更大的兴趣、更深的喜爱。

陈植如，90后独立插画师，纠结而浪漫的天秤座。小学4年级开始涂鸦，临摹各种杂志插画，最爱去书店翻阅小人书、漫画书。2013年毕业于广东文艺职业学院的装饰艺术设计和工艺与绘画专业。至今完成插画作品50多套。

梁美纯，汕头市青年商会党支部副书记，从事广告策划与设计行业16年，腾讯大粤网·汕头站美食风云榜发起人，潮汕美食文化青少年研学之旅发起人，16米巨幅手绘《民国潮汕老街的记忆》策划人。

肖雨桐的《潮菜美食系列插画》

鸭母捻

鸭母捻，是潮汕的一种特色小吃，一种有馅的椭圆形汤圆。洁白柔韧甜滑的鸭母捻煮熟浮于汤面，如白母鸭游浮于水面，让人垂涎三尺，小孩看不到还要“骑肩戏”看，迫不及待地想要享用这一种需要用石窟锤砸花生芝麻馅，用手长时间揉压的纯手工传统美食。

红桃粿

红桃粿，是最具世界潮人记忆的粿。在潮汕地区，凡时年八节，几乎家家户户都要做红桃粿，祈祷家人安康。红色是吉祥如意的象征，桃粿造型寓意长寿，全家动员合皮、制馅、印模、蒸煮，其乐融融，祈福祈寿。善良质朴的潮汕人也常常将自家制作的红桃粿作为礼品送给亲朋好友，作为对彼此之间的祝福。

1|2|3|4

1. 鸭母捻
2. 红桃粿
3. 狮头鹅
4. 工夫茶

狮头鹅

狮头鹅，有着“世界鹅王”的美誉，在潮汕地区，更是有着“无鹅不成席”的说法。作为“潮菜”头盘的潮汕卤鹅选用18种草本卤料，经过36道匠心工序，历经百年传承发展，生动阐释着潮汕菜的精细，是触动无数海内外潮人味蕾的地道美食。

工夫茶

工夫茶，这是潮汕在明清以后，继唐宋茶俗而兴起的茶道，在全国堪称最精致、最考究、最著名，是茶文化的高峰。潮汕地区的传统饮茶风俗，是礼宾待客的第一道风俗。家家户户每天必定要喝上几轮。一杯工夫茶，引出孩时的无限茶趣，一杯工夫茶，泡出了海外游子的故乡梦和家乡情。潮汕工夫茶讲究“品饮工夫”，是融精神、礼仪、沏泡技艺、巡茶艺术、评品质量为一体的完整的茶道形式，体现出潮汕人谦逊礼让的美德。

肖雨桐，“00后”青年自由插画师，大学专业攻读视觉传达设计，绘画基础和设计基础扎实。作为一名土生土长的潮汕“姿娘仔”（潮汕话“女孩子”），肖雨桐通过视觉传达设计这个平台，运用手中的画笔描绘情感认同里的潮汕文化，以插画的形式让更多的人了解潮汕民俗文化，传承、发展、创新潮汕优秀传统文化。

作品《潮菜美食系列插画》，选取极具代表性的“潮汕美食”“民间工艺”和“民俗节日”三个系列中的一部分，通过插画作品“潮汕美食”系列插图《鸭母稔》《红桃粿》《狮头鹅》和《工夫茶》，把这些蕴藏在海内外潮人DNA里的文化内核、代表着潮人的民俗文化符号和潮菜美食名片，以整体配色和空间视觉为引导，运用夸张的趣味性设计手法，展现潮菜美食工艺的精美细致和潮汕民俗文化风格的绚丽多彩，人物表情有趣轻松，将珍贵的、传统的潮汕文化记忆烙印在无数海内外潮人特别是年轻一代的脑海中。

第二章 木雕食雕

木雕

潮州木雕，广东省传统美术，国家级非物质文化遗产之一。潮州木雕溯源至唐代，明清进入辉煌的黄金时期。潮州木雕应用范围广泛，表现题材丰富多彩：有民间美丽的传说，也有山丘平原的果蔬，还有江河湖海的水族食材等等。李坚平导师亲自带我们参观其珍藏的博物馆，边看边介绍，艺术作品来源于生活，生活则反映于艺术作品之中。木雕代表作品有《蟹篓》《虾蟹篓》和《鱼虾蟹篓》，它是随着社会、经济和文化的发展而发展，也是随着人民生活水平的不断提升而提升的。八大工艺流程，展示了作品的精雕细刻、巧夺天工。

杨坚平的《蟹篓》和《虾蟹篓》和《鱼虾蟹篓》

雕刻制作蟹篓的八大工艺流程

1. 创作设计

鱼虾蟹篓，包括蟹篓、虾蟹篓和鱼虾蟹篓，是属于“减”的艺术。首先是确定“独篓”和“多篓”的定位、樟木与硬木的择定；其次是篓位大小的配置与倾斜度的摆布，以及芦苇绳索的贯穿，使之产生变化万千的流畅，表现螃蟹、龙虾以及鱼的爬行和游动的姿势，达到顾盼呼应、神韵生动的效果。在动刀之前，必须做出胸有成竹的“设计方案”。

2. 寻觅木料

鱼虾蟹篓常用的木材有樟木、硬木（指紫檀、酸枝、花梨）二类。根据物理分析，樟木的密度只有535千克/立方米，而印度产小叶紫檀则可

1|2|3　　1. 蟹篓 2. 鱼虾蟹篓 3. 虾蟹篓

以达到1100千克/立方米至1300千克/立方米，甚至这种老料的气干密度能达到1700千克/立方米，密度差了三倍还要多，都快要跟石头一样硬了。这决定了创作的难度和制作的时间。在定下材质之后，选择的是木料的形状，是弯曲，是笔直，是上细下宽，必须与设计图案相互融合。一方面是作品的樟木用料：清末揭阳木雕艺术家黄开贤创新“半畔蟹篓”，一直至20世纪70年代，一律运用樟木为料。另一方面是作品的硬木用料：自改革开放以来，随着经济的繁荣发展，人们经济实力增强，生活品位不断提升，寻求购买创新型、高档次的鱼虾蟹篓，也随着发展需求而“水涨船高”，促使木雕专家使用高值硬木材料（如黄花梨、小叶紫檀、酸枝等）进行高难度的创新创作。因此，从1米多高的虾蟹篓，辜柳希大师将其发展到3米多高紫檀特大型作品，成为中国木雕艺术史上划时代的精品。

3. 画图定位

在画图之前，一般先处理木材表皮，切削多余之处，构成起伏变化的蟹篓粗坯雏形。木雕中的平板镂通雕的画图，应画得像装饰画一样精细。

虾蟹篓是圆形，重在“打腹稿”，故此得先定“竹篓”的位置，附属的龙虾、螃蟹、鱼和水草，则围绕主体竹篓配合安置。

4. 雕凿粗坯

艺人根据创作方案，在画图环节中削舍去掉多余部分。开始使用大圆凿刀，左手握凿，右手紧抓叩槌，用叩槌敲打刀柄。这样既大刀阔斧，又小心谨慎地凿削，去掉虾蟹篓的多余部分，形成外观的基本造型，使其造型优美动人，外轮廓线丰富而有变化。

5. 镂空去木

这是一项既重要又艰难的绝活。前一道工序是外观，此道工序是篓里凿雕工艺。从初始的“独篓”，操作稍微方便，随着后来巨大型虾蟹篓的出现，给刀具和操作提出了更高的要求：木料直径少则1米，多达2米以上。首先要解决雕刻的刀具和握刀问题。原先使用的凿刀、雕刀是30至40厘米，随着巨大型虾蟹篓的出现，刀梗长度要加长到70至80厘米。这么长的雕刀，需要考虑到握刀的支撑部位，能满足发力的需要。因此，在镂空去木时，的确艰苦卓绝，既要求玲珑剔透，又不允许断木缺失出现。

6. 精雕细刻

指在作品的造型粗坯上进行细部雕刻美化。过去木雕艺人将“打粗坯”称为上手工，即由师傅完成；把“细雕刻”称为下手工，由徒弟完成。其实这二道工序都属于重要环节。优秀的雕刻工，特别注意顺着木材纹理下刀，稳妥第一，宁轻勿重，避免出现“打滑”“劈柴”等尴尬局面，造成不必要的损失。能将细部刻划得出神入化、生动传神，行刀运凿需要洗练清晰，才能完善细微之处的工艺表现力。

7. 细修起光

作品基本完工，最后是使用修光刀细心修整，做到不留木材、物象任何痕迹，让作品工整清晰。再用粗、细砂纸先后打磨，在雕刻形象的转角处进行擦刷砂线，使其光滑，彰显木质、木纹之优美。

8. 髹漆贴金

髹漆贴金，按照传统用天然大漆，有六道工序：（1）制漆（分“拌漆”“煮漆”二种方法）；（2）滤漆；（3）填料与磨平；（4）上漆（分三遍进行：第一遍是生漆加入土红色，让木雕吸取漆液，木质毛孔愈合；第二遍是取生、煮漆各半，均匀涂施，使木雕光滑；第三遍为“金地漆”）；（5）干固；（6）贴金。

原文化部副部长，研究员、博士生导师王文章，在《艺术评论》期刊说：杨坚平先生是我国传统工艺界中最具影响力的工艺美术家，是潮汕乡土艺术的坚韧守望者，从事传统工艺设计与理论研究，还是深深浸淫于潮汕艺术传统的艺术专家。他认真工作，勤奋学艺，严谨治学，从“学徒”到“研究员”，又从边陲小城到全国非遗专家。现任中国艺术研究院工艺美术研究所客座研究员、中国艺术研究院研究生院艺术学硕士研究生导师、中国工艺美术研究院特聘教授、中国工艺美术学会艺术指导、《中国工艺美术全集·广东卷》主编。中国工艺美术学会授予“终身成就奖”，中国非物质文化遗产保护中心授予“中华非物质文化遗产传承薪传奖”。主要论著有《潮州民间美术全集》和《潮汕工艺美术》，荣获第五届国际潮学奖特等奖。主要创作有粤绣精品《九龙屏》（合作），《春满南国大屏风》（合作），荣获国家最高金杯奖和创作设计奖。

（杨坚平搜集、归纳、总结，已申请专利，未经同意不得刊发）

食雕

林若龙的潮菜果蔬雕刻

在2021年“校企合作”有关项目中，所用食材：冬瓜10斤、南瓜40斤、山姜20斤、西芫荽10斤、芋头50斤、红萝卜20斤、白萝卜10斤、粉丝2斤、干冰6斤及其他辅料。这幅总长3.6米、宽1.4米、高0.6米的潮汕建筑主题食雕作品以精湛的食雕技艺雕刻出汕头小公园、潮州湘子桥以及揭阳进贤门三处特色建筑，还加入了红树林、白鹭等元素，潮汕三江汇流，浓厚潮情也在其中得以体现。

上述作品得到汕头电视台《少年派》节目对创作过程进行跟拍、汕头电视台《艺苑春潮》进行人物专访。

2023年4月，汕头市首届牛肉节暨文化技工展示活动，粤东技师学院和汕头技师学院师生共同创作大型烹饪工艺美术类作品《一湾两岸》，包含食雕、果酱画、面塑、糖艺，长9.6米、宽1.2米，备受省市领导和各界人士好评。

2023年4月，在广东省技工院校第一届科技发明与创新大赛中，食雕作品《和美侨乡——文创类食品雕刻项目》获得教师组决赛优胜奖。

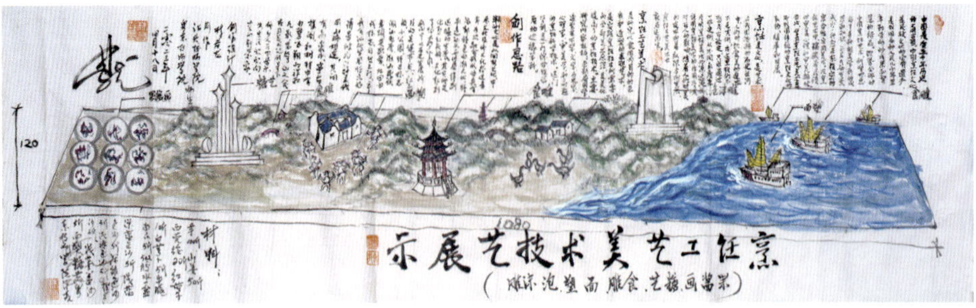

1
2
3

1.《大潮汕》（设计稿）
2. 食雕《大潮汕》
3.《一湾内岸》

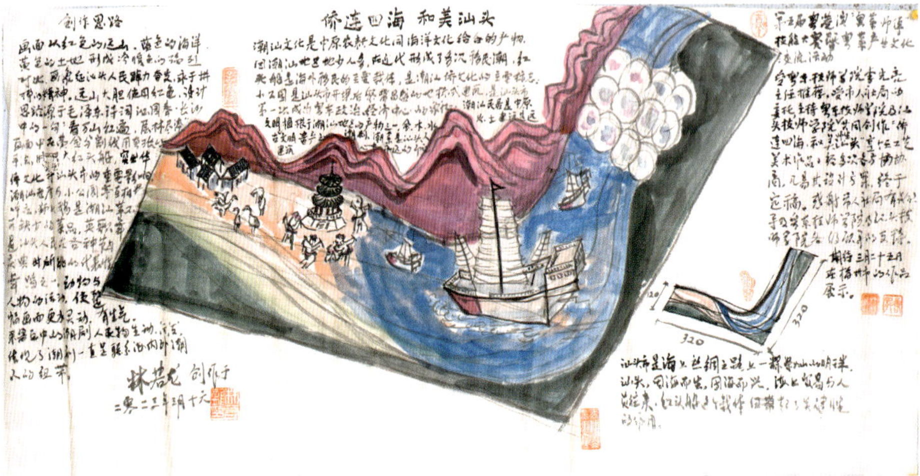

《食品雕刻开心花》系列作品

1989年以来，林若龙先生从事烹饪和果蔬雕刻创作的系列作品——《龙凤呈祥》和《凤朝牡丹》（造型拼盘）、《孔雀开屏》（食雕造型展示）、《“寿”字冬瓜盅》等，得到省、市领导和海内外嘉宾好评，省、市有关媒体推出专题“食品雕刻开心花”报道。

20世纪80年代，李嘉诚先生首次莅临汕头龙湖宾馆宴请宾客活动中的《龙凤呈祥》果雕吉祥彩盘。

20世纪80年代，林百欣夫人林余宝珠女士寿宴中的好彩拼盘《凤朝牡丹》。

汕头市第一届美食节上《孔雀开屏》荣获最佳奖。

20世纪80年代初，庄世平先生寿宴中用“寿”字雕刻的传统《“寿”字冬瓜盅》。

接待泰国前总理差猜·春哈旺的活动中，象征着“中泰友好”的《南瓜盅》：上部立雕的龙头，中部浮雕的长城纹，下部雕刻的大象。

中国的食品雕刻在国际上被盛赞为“中国厨师的绝技”和“东方饮食艺术的明珠”。汕头果蔬雕刻技艺是中国食品雕刻的一个重要分支，也是在潮汕饮食文化的基础上发展形成的、具有自己特色的果蔬雕刻技艺。早在春秋时期就有真正意义上的食品雕刻存在。到了隋唐时期的食品雕刻，已经形成新的发展高潮。宋代以来，宫廷的饮食文化中装饰菜点和席面的食品雕刻不断传入潮汕地区并发扬光大。汕头开埠之后，百业俱兴，经济繁荣，仅酒楼、茶店、饭馆就有30余家，涌现了许香童、蔡学诗等老一代潮菜宗师，他们匠心独运，推陈出新，创造出很多脍炙人口的潮式名肴，培养出很多潮菜厨师的后辈精英。李得文、刘添和罗荣元等老一辈名厨在

1	4
2	
3	5

1.《龙凤呈祥》

2.《凤朝牡丹》

3.《孔雀开屏》

4. 冬瓜盅

5. 象征“中泰友好”的《南瓜盅》

烹制菜肴的同时，对潮菜烹饪的技艺逐步细化，专门研发；又在夯实作品构思、内容表现和刀法雕刻等方面的基础上，传承、创新和发展造型摆盘功能的食品雕刻，提升水平，形成了独具一格的汕头果蔬雕刻技艺，跻身于中国食品雕刻的行列。

汕头的食雕技艺是潮菜烹饪技术中不可缺少的重要组成部分，是潮汕菜肴美化工艺中的璀璨明珠，是运用雕刻工具、雕刻刀法和手法，以可食性的食物为原料，利用其本身的色彩和品质特点，通过构思和合理搭配，制作成动植物、人物、山水、风光建筑等各种具体图案与形象的一种技艺。特别是宴会、宴席和宴请，餐桌上的艺术特色——食雕，能给佳肴菜色“锦上添花”，更使人从“平视”的品位提升到“立体”的欣赏。用竹笋、萝卜、薯类、生姜等本地特产的寻常食材为原料，精工雕刻成形态美观、结构准确、形象生动、构思精巧的作品，形成独特的潮菜“彩盘”艺术，给佳肴菜色“锦上添花”，寓意和谐、吉祥、美好，使潮汕传统的“味觉餐饮”上升到“全方位，多角度”的“立体餐饮”。

林若龙（1964—　），广东汕头人，中式烹调师、汕头市技师学院烹饪系特聘教师、广东省“粤菜师傅”四星名厨、乡村工匠烹饪（中式烹调）高级工程师、市级非遗项目——汕头果蔬雕刻传承人、广东烹饪协会潮菜专业委员会副秘书长。从事潮菜食雕技艺学习、传承、研究至今40多年。主要代表作品有《大潮汕》《一湾两岸》《和美侨乡》，以及《食品雕刻开心花》系列作品《凤朝牡丹》《孔雀开屏》等。他秉承了师祖刘添和师傅罗荣元的传统风格及精湛技艺，不断与时俱进，开拓创新，终至独领风骚。凭小小的一把锯片刀，以潮汕地区传统饮食文化元素为切入点，活灵活现地设计、创作、雕刻出一件件极具生命力和感染力的大型果雕、摆盘造型艺术作品。

第三章 剪纸

用剪纸表现美食，可以作为桥梁，传递亲情，唤起海内外潮人对家乡的记忆，这也是创作潮汕美食系列剪纸的意义所在。

美食剪纸的创作，体现了汕头剪纸具有独特的文化、艺术价值。潮汕美食是潮汕文化的重要组成部分，与潮汕历史文化渊源紧密地结合在一起，形成潮人独特的饮食文化特色。而汕头剪纸作为独特的艺术门类，注重美的内涵，它的创作过程是将现实生活的真善美进行创作演化升华的过程，人们将美好的理想和心愿寄托在剪纸艺术之中，从而形成其独有的艺术价值。

杨坚平的《潮菜剪纸系列》

《鱼花》

潮汕的剪纸艺术，是潮汕历史文化的重要组成部分，也是最具鲜明地方特色和无与伦比的艺术精品，更是中国剪纸艺术的瑰宝。深秋的天气，已经有点凉意，我们一行驱车前往潮州市杨坚平非遗传统工艺博物馆。杨坚平老师和夫人吴红暖老师热情接待，并亲自带领我们参观博物馆。我们参观了木雕艺术之后，来到了剪纸作品陈列专柜。里面有我国著名剪纸艺术家江根和的作品《龙井渡头》与《陈三五娘》，有剪纸艺术家杨雪友的作品《福团》。特别是潮汕地区各地，具有地方特色的潮菜文化剪纸，映入了我们的眼帘：有红桃粿等粿花剪纸系列；有鱼虾蟹等海鲜剪纸系列；有鸡鹅鸭等禽畜剪纸系列；有石榴香蕉莲子等蔬果食材剪纸系列，琳琅满目，丰富多彩，美不胜收，令人叹为观止。吴红暖老师拿来了一本书：《存绝艺 扬潮风——杨坚平潮汕非遗传统工艺设计·收藏展》。她向我们介绍：中华人民共和国成立初期，杨坚平受吴藏石老师的嘱咐，陪关山月老师到潮州北堤写生，关老教导杨弃油画，改从事民间美术研究，并以“用米换剪纸”方式搜集尼姑、庙祝作品。遵照关老指示，从1950年起，杨坚平搜集并参与设计民间剪纸超过1000件，其中包括潮州尼姑江根和、杨友雪、许阿闻，庙祝李大林以及遍布潮汕各地的40位剪纸艺术家的孤本。

杨雪友（1904—1978），潮州人，出身贫寒，自幼入住潮州金山脚下惠清庵为尼。擅长民间剪纸艺术，又拿手香包绝活，更是潮绣的名师，是一位多才多艺的民间艺术巨匠。中华人民共和国成立时，她加入了“潮州民间剪纸工艺社”，后并入“潮州二轻特种工艺厂”。1956年成为中国美术家协会华南分会会员；1960年荣获中共汕头地委统战部授予“二类艺人”荣誉称号。她有较高艺术素养和创作表现能力，也是一位多产的民间艺人，传世精品丰富多彩。她的剪纸作品题材广泛，装饰性强，构图完美，纹样虚实清晰，精致优美动人。

许文进（1891—1959），潮州人，16岁进入彩扎坊（俗称糊料铺）学艺，掌握錾刻“铜衬料”技艺本领，中华人民共和国成立后，进入饶平黄岗工艺厂，专业创新刻纸、培养艺徒。作品既参加全国剪纸展，又行销海内外。剪纸与刻纸，习俗统称为剪纸，属于我国彩扎工艺中的一个品类。剪纸的功能是时年八节与婚姻喜庆的装饰美化；刻纸则是祭祀、丧事和中元节烧祭装饰之用。

李木林（1890—1960），庙祝。潮州人向来对神、佛万分虔诚，随处都有神庙、庵堂的设置，养活庙祝（潮人称“治宫伯”）和尼姑。他们为谋生计，讨好施主，练就一身好剪艺。李木林出生于潮州市湘桥区西门外田墘，家境贫困，辍学在家附近的“老爷庙”守门，眼见祭神供品叠上各式供品花，为了讨好敬神者，练就一手剪纸手工艺绝活。他的剪纸艺术来源于生活，作品《柚花》体现他观察生活的细致入微，于庙前鱼池见到家禽交配而创作，生动感人。李木林剪纸艺术融合我国南北剪纸之文化内涵，既有北方剪纸之韵味，又体现潮州剪纸纹样精致优美之细腻。主要代表作品有《柚花》《特大粿花》《饼花》《猪肝花》。

《大圆粿花》

《柚花》

陈传生的《虾枣》

《虾枣》

《虾枣》是一幅以潮汕美食为原型创作的剪纸，其以圆形构图，一圈鲜虾绕着虾枣图案构成。中间一粒一粒的就是虾枣，象征着我们华人的团圆；周边一圈虾代表着海外华人团结一致，共同拼搏的精神；外面还有一粒一粒小的圆点，呼应中间的图案，这是海外华人心系祖国、怀念家乡的情结，意思是我们的海外华人对祖国的感情永远不变，家乡的味道永远在心中。整幅作品通过独具家乡味道的虾枣来唤起海内外华人对故乡的思念。

潮汕地处亚热带，南临大海，拥有漫长的海岸线，盛产各类鱼鲜海产。靠海吃海的潮汕人不仅有吃海鲜的习惯，还是做海鲜的好手。其中外表金黄、小巧玲珑的虾枣，就以清鲜爽脆的口感以及美好的寓意名扬海内外。

在潮汕众多水产中，虾的地位不亚于鱼。其口感鲜甜，营养丰富，食用既无鱼腥味，又没骨刺，备受潮汕人青睐。以鲜虾为主料、纯手工制作的虾枣，是潮菜传统菜式的代表之一。

也许大家会觉得虾枣这种美食很寻常，但是在海外潮人的心目中，却有着不一般的地位。比如在东南亚地区，每逢做好事或是举办重大的节庆活动，虾枣都是供桌上必备的食物之一，它寓意团团圆圆、早生贵子、圆满等好意头。因此，创作以虾枣为主题的剪纸，既能够传播潮汕美食，也能慰藉海外华侨华人的思乡之情。

陈传生先生一般在创作前都会深入到各地去采风或者调研，既是寻找灵感，也是想通过不断学习，更好地了解民情风俗，积累创作素材。因此，在创作这幅剪纸前特意拜访了汕头技师学院烹饪系，向潮菜专业的老师学习虾枣的制作过程。这个学习过程非常有意思，让他对虾枣有了更加直观立体的认识。

作品再现了鲜甜爽脆可口的潮汕名菜“虾枣”的风采，采用传统的团花式构图，以写实的手法刻画出虾枣的美味感觉。

在陈传生先生所创作的剪纸中，潮汕文化一直是他创作的灵感来源，也是他创作的主要题材，潮汕美食历史悠久，是潮汕文化的重要组成部分，其种类丰富，在各式节庆、礼仪民俗及日常生活中扮演着重要的角色。他在创作剪纸的同时，也想着为咱们潮汕美食的对外推广做点贡献，所以就想美食和艺术跨界，用剪纸形式去表现食物，展现潮汕人民的纯朴生活和人生智慧。因为食物往往放不久，但剪纸艺术可以长存，潮汕美食系列剪纸便是在传统剪纸的基础上进行创新后创作的，既有章可循，又符合现代人的审美。潮汕美食是潮汕人的乡愁，无论走到哪儿，只要看到我们的剪纸，就能找到家的味道。他创作的潮汕美食系列剪纸包括《红桃粿》《鱼饭》《虾枣》，还有《工夫茶》等。

陈传生，广东省工艺美术大师，高级工艺美术师，广东省非遗项目“汕头剪纸”传承人，广州城市理工学院兼职教授，广东省工艺美术研究所研究员，着力于推动汕头剪纸的创新性发展。他将剪纸与时代结合，与当代艺术结合，与生活结合；创作剪纸公共艺术和雕塑，并创立“潮汕印记”艺术衍生品牌。陈传生剪纸作品及其衍生品获国家、省金银铜奖40多个奖项，被国家版本馆、国家级及省级博物馆、高等学府等机构收藏；作为省、市政府代表性礼品赠予国内外政要、侨领等。主要公共艺术作品包括潮汕国际机场地标《SWA》，汕头火车站地标《盛放》；剪纸作品《大潮汕》《汕头新八景》等。多件作品被收编进国家级教材；在国家级博物馆多次举办个人展览。“潮汕印记”品牌作为汕头唯一代表被选送参加国家非遗品牌大会。

第四章 潮乐

潮州音乐，简称“潮乐”，是主要流传于广东潮汕地区的传统音乐，国家级非物质文化遗产之一。

潮州音乐以其表演形式灵活多变而享誉海内外，有“唐宋遗音”“华夏正声”之称，是中国民间音乐中的瑰宝。潮州音乐大致可分为锣鼓乐、弦诗乐、细乐、庙堂音乐、外江音乐等。其中锣鼓乐属于广场乐，包括潮州大锣鼓、潮州小锣鼓、潮州苏锣鼓等；而弦诗乐、细乐、庙堂音乐、外江音乐等则属于室内乐。潮州音乐常用乐器有20余种，最具本地特色的是二弦、唢呐、深波等。

潮州大锣鼓是广东潮汕地区传统音乐中的一种，是一种由锣鼓乐与管弦乐组合而成的演奏形式。潮州大锣鼓由历代相沿的鼓吹乐类演变而成，是潮汕地区最具群众性的乐种之一，属于潮州音乐中的广场乐，于2006年入选第一批国家级非物质文化遗产名录。

潮州大锣鼓以打击乐为主，是以大鼓为中心，以唢呐为领奏的大型合奏形式。鼓手既是乐队主奏，又是乐队指挥。鼓手槌击鼓心、鼓边、鼓沿，采取响击、闷击、重击、轻击以及节奏变化、手槌加花等手法，指挥着乐队的演奏。

潮州大锣鼓作为古老的民俗文化，广泛流行于粤东、闽南以及东南亚一带，凡是有潮汕人的地方，就有潮州大锣鼓的风采。每逢年节或地区风俗佳节，大锣鼓便声震百里。

潮州大锣鼓在中央电视台 2006 年元宵晚会演出

《抛网捕鱼》

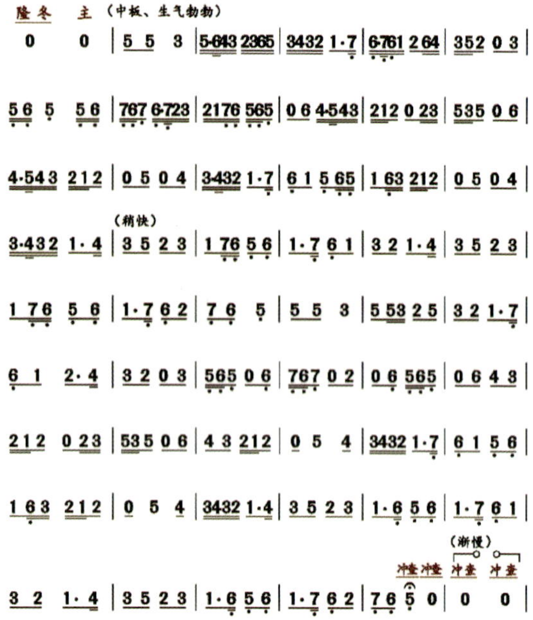

《抛网捕鱼》选段

潮州大锣鼓传统曲目《抛网捕鱼》，由西秦戏《二度梅》某些场面的唱腔和牌子曲组成，后来在漫长的演变中，乐师们从原先整个套曲中选择几首较形象又较能突出主题的曲牌整理成为精装版的“抛鱼”。

整首乐曲长约6分钟，由一个“开场锣鼓”和“早晨”“备网”“出海”“捕鱼”“丰收”五段音乐内容组成。

1. 开场锣鼓

这是传统潮州大锣鼓演奏的一个常用惯例，开场锣鼓部分作为一个出场铺垫，一般是为了渲染情绪，带出音乐节目内容。

2. 早晨

随着开场锣鼓热烈，小锣花炮接纱帽头，悠扬的小唢呐、笛子等吹奏乐器在小锣花炮的衬托下，用一个“乐曲引子”拉开了一幅南国海湾晨景，开阔的海湾、宁静的氛围、清新的海风，一时间仿佛扑面而来。

3. 备网

经过改编的弦诗乐曲《大八板》三板中，描述的是从沉睡中醒来的海湾渔村，人们刚刚醒来还有点蒙蒙眬眬。随着音乐节奏由慢渐快，打击乐与旋律各依其节奏型并进，构成一段美妙的二重奏，表现人们很快投入到新一天的生产生活中来，呈现出一片匆忙而有序的备网整装出海的渔村繁忙情景。

4. 出海

用“轻六”的《柳青娘》三板作慢速加花润饰演奏，表现的是映着朝霞闪烁金光的海面上，渔船在起伏的波浪中不断前进；逐渐加快的音乐节奏，既是随着渔船驶出海港的波浪不断变大，更是渔民们发现鱼群兴奋激动的生动写照。

5. 捕鱼

一段欢快热烈的三板快乐曲《飞凤衔书》，让听众感受到渔民们围绕鱼群的放网捕鱼劳作场面，情绪上有条不紊同时夹杂着掩不住的兴奋紧张。

6. 丰收

这段三板快音乐是全曲的高潮部分，乐曲《水底鱼》配上热烈的锣鼓点，随着乐曲和情绪的进行，锣鼓配搭先采用小锣鼓，然后逐渐加进斗锣，音响效果从弱到强递进处理，让听众仿佛可以看到渔民收网之后，网中密集的鱼儿正不停地跳跃逃窜，渔民们笑得嘴都合不拢地捞鱼的丰收幸福场景。

这首乐曲在题材上，展示了南海之滨潮汕人民的讨海生活场景，具有明显的地域生活特色。在艺术上体现了传统潮州大锣鼓的鲜明特征：首先结构上采用锣鼓介头作为曲目内容的引子，乐曲旋律采用传统弦诗乐《大八板》《柳青娘》《飞凤衔书》和《水底鱼》等乐曲，锣鼓段落采用了“大锣火炮”“小锣火炮”“水底鱼”“纱帽头”等传统锣鼓，乐曲中的锣鼓鼓点配搭采用了“垒句法”和“靨句法”等手法；其次在乐器搭配上，采用了深波、斗锣、大小唢呐、提胡等潮州音乐的特色乐器；再次，在演奏上采用打击乐队和管弦乐队相结合的传统潮州大锣鼓演奏形式。

《抛网捕鱼》在莫斯科第六届世界青年与学生联欢节艺术比赛中荣获金质奖章之后，饮誉国际乐坛，该版本乐曲广泛出现于潮汕本土和海内外潮人聚居地的各种喜庆活动文艺舞台上，成为潮州大锣鼓流传最广、最具代表性的曲目之一。

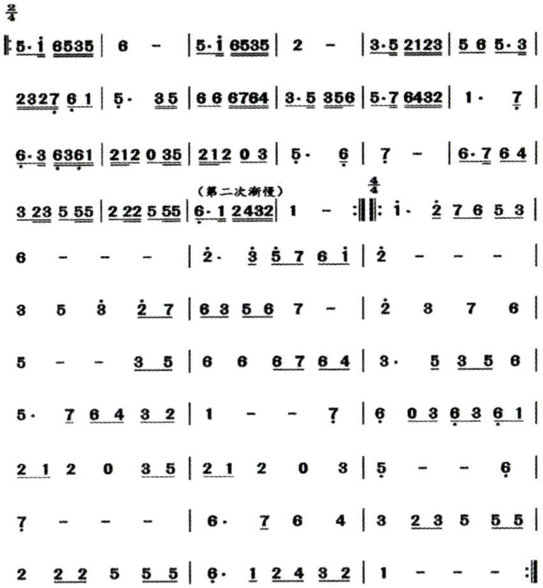

《春满渔港》选段

20世纪70年代，郑诗敏、蔡余文、林运喜为了更好表现社会主义新渔村的崭新风貌及获得丰收后渔民们喜悦的心情，新创作了潮州大锣鼓《春满渔港》。他们在分析借鉴了获国际比赛大奖的潮州大锣鼓《抛网捕鱼》乐曲的成功与不足经验的基础上，以现代音乐及创作手法对同一题材内容进行了更深入和广泛的表现，创作了这首乐曲。

整首乐曲时长为9分钟，分为“渔港早晨”“千帆竞发”“鱼跃人欢”三部分。

1. 渔港早晨

作为全曲的引子部分，模仿了《抛网捕鱼》的开头部分又有所创新，这样给人以熟悉“音调”之感，同时通过“音”与“音调”变化，使得音乐更高亢、更开阔，意境更深邃。一开始，由大、小锣花炮，纱帽头鼓接转成轻快小锣鼓，配合唢呐、笛子、古筝等器乐，呈现出一个广阔的音乐意境——辽阔的大海、宁静安详的渔村和清新的早晨海风，正是如诗如画的潮汕人民幸福家园形象；在晨光中逐渐醒来开始一天辛勤劳作的渔民们正在有条不紊整理渔网、船只和捕鱼工具；一切是如此的欣欣向荣充满希望。

2. 千帆竞发

作为全曲最集中的抒情性乐段，粗犷的苏锣大钹以及波浪式的鼓点，展现了大海上波浪起伏的辽阔景象，也表现出捕鱼船队乘风破浪、勇猛向前的浩大气势；接着的慢板乐句，则以缓慢悠扬的节奏，抒发了渔民的豪情壮志及对未来幸福生活的憧憬；逐渐加快的旋律结构，呈现的是渔民们发现鱼群放网围捕的繁忙海上作业画面和辛勤劳动创造美好新生活的精神风貌。

3. 鱼跃人欢

全曲的高潮部分，本段小快板锣鼓由弱到强，大小唢呐充满强烈的欢乐情绪，还有锣鼓和乐队的呼应对比，在强化收获喜悦情绪上，尤其给人留下深刻的印象；随着节奏的加快，音乐推向乐队大齐奏和乱锣结束形成一个音乐高潮，展现了渔民们喜获丰收的欢快劳动画面和充满幸福感的情绪气氛。

与《抛网捕鱼》相比，乐曲《春满渔港》在内容表现上场景更加集中、形象更加鲜明、意境更有深度；在音乐效果上，配器音色更丰富、音乐形象更饱满、旋律表现更加细腻丰富、情绪渲染更加充分；在锣鼓编配上，以现代的音乐创作手法打破传统锣鼓的音乐结构，使之更具音乐表现力和感染力。

潮州大锣鼓《春满渔港》自问世以来即备受好评，被誉为《抛网捕鱼》的姊妹篇，多年来经由省、地市及中央民族乐团等文艺团体广泛的演出传播，已成为20世纪新创作潮州音乐的经典作品。

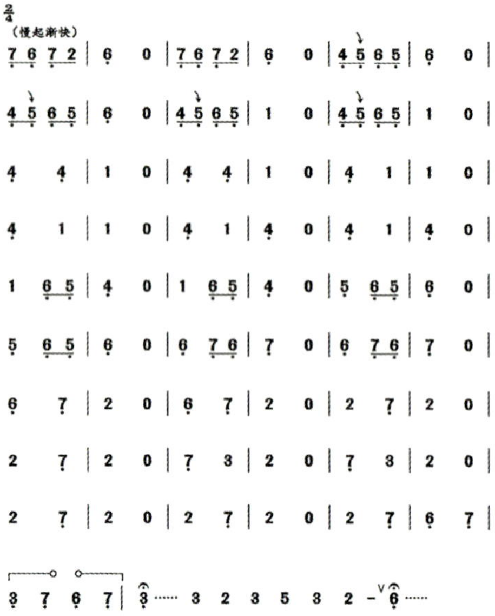

《双咬鹅》曲谱选段

双咬鹅舞的伴奏音乐采用传统潮州大锣鼓，先以轻松缓慢的小锣火炮渲染“双鹅出栏”时的乡野风情；接着锣鼓上采用“二板套”的打法演奏牌子《将军令》，营造双鹅“击翅戏水”的悠扬愉悦；接下来是两把唢呐的齐奏、对奏，乐曲采用对比句呼应演奏，大鼓和大小钹则用闷击的打法拟声鹅的振翅碰撞，比较立体地对双鹅进行拟声拟态，模拟双鹅“击翅戏水”时两翅相撞进而引发“双鹅咬斗”的高潮，增强演员“双鹅咬斗”示威、挑衅、相斗等动作的表现效果。

“双咬鹅舞”始创于澄海城北管区。20世纪50年代初，城北管区艺人陈和存及其父陈喃暖联合陈阿九、洪胜等创制了狮头鹅艺术造型，用舞蹈的形式表现素有“鹅王”之称的澄海狮头鹅的神态和习性。创制之初即引起轰动，被珠江电影制片厂搬上银幕。20世纪70年代，陈和存将其艺传

双咬鹅

授到澄海连下镇陈厝洲村。后来，原班人马因为收入等各种原因停止了演出活动，现仅有陈厝洲村一处有双咬鹅舞表演。2000年后，陈厝洲村“双咬鹅舞”一度沉寂，但于2006年澄海金秋联谊会“情系澄海”动物舞蹈表演再度亮相。“双咬鹅舞”几经变革创新，更臻完美，成为融舞蹈、音乐于一身，观赏性强、影响力大的民间动物舞蹈。表演时，首先由牧童手持大笛子唤出巨鹅，巨鹅随音乐翩翩起舞，先后表现“悠游沐浴”“解然戏水”“专注觅食”“安恬舔虱”以及互相争斗嬉戏的情景。牧童多方戏耍巨鹅，人鹅共舞，惟妙惟肖，极富潮汕乡土气息和生活情趣。其伴奏为潮州大锣鼓，常用的音乐曲牌有“画眉跳架”“寒鸦戏水”“咬”等。作为文化交流的使者，“双咬鹅舞”曾多次应邀赴海内外演出并获好评。澄海举办各种大型庆典游行活动，双咬鹅舞都参与演出。1988年，香港亚洲电视台莅汕开拍电视连续剧《无名英雄》时，陈厝洲双咬鹅队在其中表演斗鹅一场。2000年2月，陈厝洲双咬鹅队应新加坡政府和潮州八邑会馆之邀，参加新加坡第二十八届妆艺大游行，广受瞩目。

《龙虾舞》

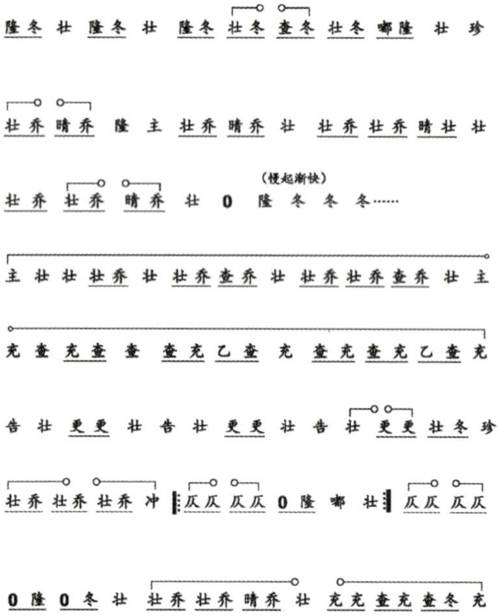

《龙虾舞》曲谱选段

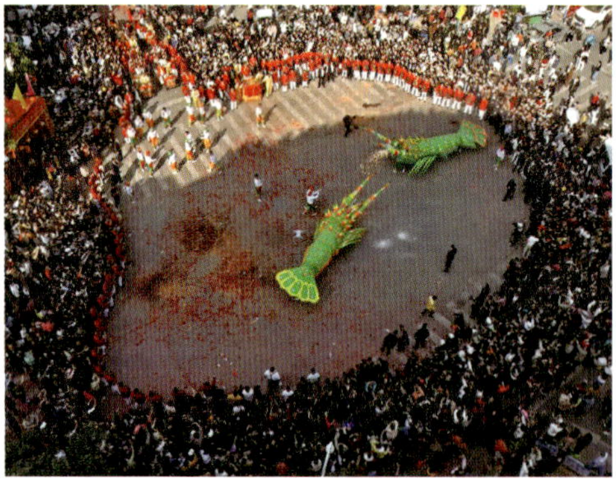

龙虾舞

在伴奏音乐上，首先是以一段传统“大锣火炮”锣鼓呈现龙虾外出寻找食物时急急忙忙的画面，再以小钹的闷击声来模拟龙虾在偷袭猎物时的捕食形态，逐渐转为情绪激烈的“七下锣”锣鼓来配合龙虾捕食时矫健凶猛的动作表演；接着以传统“水鬼母”锣鼓的活力节奏展示龙虾的舒展跳跃身姿；再以传统“双板套”锣鼓呈现龙虾吃饱喝足的悠然轻松氛围。有时也配上《水底鱼》《草鞋踏》等乐曲，给观众留下美好的想象空间。

第五章 歌曲

汕头国际大酒店的《月下金凤花》

据《汕头大博览》记载：汕头国际大酒店1988年2月开业。酒店综合东西方建筑艺术特点，结构精巧，旋转餐厅夜景“旋宫邀月”于1990年被评为“鮀岛新八景”之一。

2023年国庆节过后，我们工作室一行三人，有幸应邀专程赴广州正大集团总部，拜访正大集团副总裁、中国区总裁，汕头国际大酒店原总经理李闻海先生。幽默风趣的李总裁，热情接待了我们，还没一盏茶的工夫就让我们开心起来。谈到汕头国际大酒店的时候，李总裁如数家珍，一五一十地说了起来：首先，汕头国际大酒店（简称“国贸”）是粤东地区首家国际级酒店，秉承“精雕细琢，出类拔萃”的服务宗旨。改革开放早期，“国贸”为汕头经济特区主要标志性建筑之一。其次，酒店的第23楼旋转餐厅夜景“旋宫邀月”，1990年被评为“鮀岛新八景”之一。20世纪90年代，距离地面78米高的“旋宫”，以每小时转一圈的速度，让宾客在日间鸟瞰汕头美景，在夜间欣赏鮀岛的灯色。加上“国贸”每年精心策划的东南亚国家和澳大利亚、日本等国家的国际美食，真的令人流连忘返。再者是使他最难以忘怀的“国贸”店歌——《月下金凤花》，这是邀请著名词曲作家陈小奇和音乐制作人兰斋专门创作的店歌。可以说，这是20世纪90年代流行于潮汕地区和东南亚各国的一首好歌，也是汕头国际大酒店企业文化建设的品牌，更是与“旋宫邀月”并驾齐驱，名扬海内外。说到这里，李总裁还戏称要把店歌改名为《月下工夫茶》。因为歌词里面有一句：“国际大酒店，一杯月下的工夫茶，牵动着五洲四海的你我他”。他还情不自禁地唱起了自己一手策划设计、组织制作、宣传推广的店歌，真的是余音袅袅，不绝如缕。

歌曲《月下金凤花》

作词：陈小奇　作曲：兰斋　编配：梁军　演唱：毛宁、陈红浪

邀来一片如水　如水的月色，

洗净你旅途的风沙。

千百张温柔　温柔的笑脸，

带给你一个温馨的家。

邀来一片如梦　如梦的月色，

融化你思乡的牵挂。

千百颗真诚　真诚的爱心，

伴随你走遍海角天涯。

国际大酒店　一杯月下的工夫茶，

牵动着五洲四海的你我他。

国际大酒店　一朵月下的金凤花，

展示着潮汕平原的绝代风华。

李闻海简介

海滨邹鲁，砚峰山上，有李氏名闻海者，号砚峰山人，常隐于砚峰山居，养淡泊之志。

商界以名行，学海以号立，其人外儒内道，处世唯真求正。

山人游学东西，潜修今古，跨政商学艺诸界。苦心营建砚峰书院，力求其成中华文化荟萃之地。

山人尤擅尺八策，音播海内外。其发起创立之潮商学，集潮人与学界之众力，蔚成大观。

山人曰：唯德力至上，无此则无以立者也。

李绪杰的《我爱潮汕小吃》

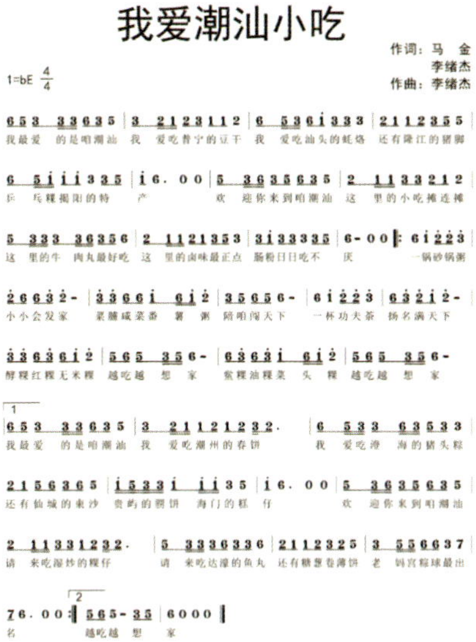

《我爱潮汕小吃》

词：马金 李绪杰　曲：李绪杰　原唱：李绪杰

我最爱的是我们潮汕

我爱吃普宁的豆干

我爱吃汕头的蚝烙

还有隆江的猪脚

乒乓粿揭阳的特产

欢迎你来到我们潮汕

这里的小吃摊连摊

这里的牛肉丸最好吃

这里的卤味最正点

肠粉日日吃不厌
一锅砂锅粥
小小会发家
菜脯咸菜番薯粥
陪我们闯天下
一杯工夫茶
扬名满天下
酵粿红粿无米粿
越吃越想家
鲎粿油粿菜头粿
越吃越想家
我最爱的是我们潮汕
我爱吃潮州的春饼
我爱吃澄海的猪头粽
还有仙城的束砂
贵屿的朥饼海门的糕仔
欢迎你来到我们潮汕
请来吃湿炒的粿仔
请来吃达濠的鱼丸
还有糖葱卷薄饼
老妈宫粽球最出名
一锅砂锅粥
小小会发家
菜脯咸菜番薯粥

陪我们闯天下

一杯工夫茶

扬名满天下

酵粿红粿无米粿

越吃越想家

鲎粿油粿菜头粿

越吃越想家

越吃越想家

《我爱潮汕小吃》是李绪杰2014年发行的EP专辑。该歌曲旋律轻快，朗朗上口，曲中歌词介绍了潮汕地区许多特色小吃。旋律中浓浓的潮语味道，寄托着对潮汕小吃的喜爱，这首歌传唱度很高，唱上了CCTV的《星光大道》，唱上了CCTV综艺频道2020东西南北贺新春的舞台，唱上了2021年湖南卫视全球华侨华人春节大联欢的舞台，唱上了CCTV音乐频道2022年《童声唱》的舞台。这首歌宣扬了潮汕小吃，传唱了潮语歌曲，把潮汕文化传播到五湖四海。

李绪杰的《潮汕》

《潮汕》

词：马金 李绪杰　曲：李绪杰

如果你想要了解潮汕
就让我详细说给你听
潮汕有汕头、汕尾、揭阳、潮州古城
我们说着潮汕话就像亲戚

如果你还没了解潮汕
就让我细细再说给你听
潮汕的工夫茶、英歌锣鼓相当出名
我们这里最喜欢做戏拜老爷

潮汕　欢迎你来潮汕
这里有扬名满天下的美食
潮汕　欢迎你来潮汕

别忘记有空要来旅游走一走

如果你已经了解潮汕

就和我一起唱这首歌

无论在上海、北京、深圳、广州、暹罗（泰国）、东南亚

在海内海外有两个潮汕

我们在海内海外心有潮汕

李绪杰，汕头潮阳人，民谣吉他好手，大学客座讲师，潮汕流行音乐的后起之秀，著名潮语创作型歌手，他创作的歌曲朗朗上口，在潮汕地区传唱广泛。

潮语歌曲随着20世纪80年代改革开放的流行歌曲而兴起，进入新世纪以来，弘扬本土特色，结合传统文化，更是不断发展，日臻成熟。

李绪杰说："我是一个地地道道的潮汕人，经常到各地演出，使我时常想念家乡的美食，从而萌发了想法，把品种繁多、丰富多彩的潮汕美食写成一首歌，应该是很有趣的！"创作潮语歌曲，需要与时俱进，还要传承、创新和发展。从2000年开始，李绪杰尝试潮语歌曲的创作：一是以传统的潮语歌曲为主题，注入时代的最强音和主旋律。二是以更加口语化的音乐风格表达方式为主要内容，弘扬潮汕精神，推广潮汕文化。三是以流行摇滚的元素为主要形式，感受魅力四射的音乐和舞蹈。就这样潮语歌曲随着他的脉搏跳动，走进了新的时代。《我爱潮汕小吃》和《老同学》为代表的原创潮语歌曲，也渐渐地有了听众，有了热度，有了名气，还先后上了广东电视台和中央电视台等多档节目演出。李绪杰因此越来越忙，也越来越多地受邀到海内外演唱潮语歌曲，最多一年演出达200多场。他

甚感欣慰，这不仅仅是对自己的创作和演唱的认同，也是对潮语歌曲越来越多的认同，更是海内外对潮汕文化越来越高的认同感。他还说：“创作和演唱潮语歌曲，我想表达的是一种刻苦拼搏的潮汕精神。现在，潮汕地区、国内各地乃至海外，对潮语歌曲的关注度越来越高，随着社会、经济和文化的不断发展，潮语歌曲的未来，会站到更大、更高和更好的舞台上，走向世界。”

他很兴奋，随手拿来一把吉他，边弹边唱是那样自然，是那样娴熟。琴声悦耳，歌声动听，余音缭绕，回响耳边。沉醉在自己的琴声和歌声的他，停下了片刻说：“这是我最近新创作的、目前尚未出版的潮语新歌《潮汕》。”

第六章 舞蹈

潮汕鲤鱼舞（摄于 1975 年）

潮汕地区的舞蹈历史悠久，可以追溯到古代。潮汕地区位于中国的东南沿海，地理位置优越，交通便利，与海上丝绸之路密切相关，因此在古代就有着与外界文化交流的机会。这种交流不仅带动了潮汕地区的经济和社会发展，也对当地的舞蹈艺术产生了深远的影响。

潮汕地区的舞蹈历史可以追溯到三国时期（220—280），据史书记载，当时的潮汕地区已经有了舞蹈的表演活动。随着时间的推移，潮汕地区的舞蹈逐渐发展成为一种独特的艺术形式，并与当地的民俗文化相结合。

在明清时期，潮汕地区的舞蹈得到了进一步的发展。当时的潮汕地区经济繁荣，文化交流频繁，这为舞蹈的发展提供了有利的条件。在宫廷和富商家庭中，舞蹈成为一种重要的娱乐活动，许多富有的人士还会邀请专业的舞蹈演员前来表演。

到了近代，特别是20世纪初，潮汕地区的舞蹈艺术进一步蓬勃发展。当时出现了许多具有创新意义的舞蹈作品，包括潮剧中的舞蹈段落以及独立的舞蹈作品。这些舞蹈作品不仅在潮汕地区广为流传，也在其他地区产生了影响。

随着社会的变迁和文化的演进，潮汕地区的舞蹈也在不断发展。现代的潮汕舞蹈不仅保留了传统的元素，还吸收了现代舞蹈的技巧和风格，形成了多样化的艺术形式。同时，潮汕地区的舞蹈也更加注重对当地民俗文化的传承和表达，成为潮汕地区文化的重要组成部分。

总的来说，潮汕地区的舞蹈从古代到现代一直承载着当地人民的情感和文化，成了潮汕地区独特的艺术形式。

陈嘉的《拍牛丸》

潮汕手捶牛肉丸驰名中外。舞蹈《拍牛丸》融合了潮汕本土拍牛肉丸的特色，巧妙地运用新颖的道具，通过比拟、夸张的手法，运用舞蹈的表现形式——拍、挤、吃、玩等动作，捕捉孩子们的童真童趣，生动地反映了潮汕手拍牛肉丸的独特美味。舞蹈《拍牛丸》立足于反映潮汕本土乡俗特色，表达潮汕儿童热爱家乡、向往美好生活的愿望，进一步弘扬潮汕本土的特色文化艺术。2007年舞蹈《拍牛丸》获得广东省第七届少儿艺术花会银奖。

陈嘉，毕业于中国人民解放军艺术学院，广东汕头幼儿师范高等专科学校舞蹈讲师、中国舞蹈家协会会员、广东省群舞编舞家、汕头市舞蹈家协会副主席。曾获得第三届全国“桃李杯”舞蹈比赛少年乙组金奖。原创编导的群舞《红头船·潮乡情》在民政部、原文化部、国家广电总局和中国残联共同举办的第七届全国残疾人艺术汇演中荣获一等奖、创作奖。原创编导的舞蹈作品《凌波莲韵》在广东省教育厅主办的广东省首届大学生舞蹈比赛活动中荣获一等奖、指导教师奖；原创编导的少儿群舞《出花园》参加由原广东省文化厅、中共广东省直属机关工作委员会、广东省人民政府国有资产监督管理委员会、共青团广东省委员会联合主办的2016年度广东省群众文艺作品评选，荣获舞蹈类一等奖、创作奖。

《拍牛丸》

蔡嘉莹的《粿》

舞蹈《粿》

舞蹈《粿》通过一群潮汕女孩做粿、炊粿、食粿的种种瞬间印象，展现了潮汕女孩的俏丽和乖巧，也体现了潮汕饮食文化的博大精深。潮汕美食“粿文化”包含着潮汕人的细腻品性，蕴含着浓厚的地方文化色彩。潮汕的各种粿品，不仅是满足口腹的精美食品，还凝结着一种精致的品位，体现着潮汕的精神。

蔡嘉莹，毕业于首都师范大学，中国舞蹈家协会考级“优秀指导教师”，参加中国香港、上海和韩国等地大赛荣获特等奖、金奖等奖项；参加广东省第四届少儿舞蹈大赛荣获银奖；参加汕头市小金凤少儿舞蹈大赛荣获金奖、银奖等奖项；原创舞蹈《粿》荣获汕头市中小学生舞蹈比赛一等奖；多次荣获优秀指导老师奖、“全国优秀教练员”称号。

后记

《中华料理·潮菜文化丛书》是一套比较全面、系统、深入反映潮菜文化和烹饪技艺的丛书。作为潮菜文艺重要组成部分的潮菜文学和潮菜艺术，是潮菜文化的精髓。能加入编著工作，成为编著团队的一分子，并主要负责《潮菜文艺》分册，我感到十分荣幸。开始的时候，真的有些茫然，压力很大。因为我是研究潮汕文化的一名“新兵”，在学习、了解和研究潮菜文化上更是一名“菜鸟”。因此，我笨鸟先飞，未雨绸缪，迅速进入状态，趁早做好前期的准备工作：选准定位、确定思路、构建框架、起草目录，为编写工作夯实基础。编著《潮菜文艺》的过程，是一个认识的过程、积累的过程和展望的过程。

首先是认识的过程。在这个过程中，经历了“肯定与否定”和“否定与肯定”，也经历了“有起与有落”和“有落与有起”，从而得到了不断提升和前进。在我们潮汕历史文化的“百花园”中，有一位辛勤耕耘的“园丁”——他从巴蜀走向潮汕，投身革命，把青春贡献给祖国，也贡献给潮汕；他从院校的教育走向潮汕历史文化中心的研究，教书育人，把自身的聪明才智和文化积淀倾情于潮汕历史文化，特别是启迪后人研究、推广和普及别具特色的潮菜文化；他孜孜不倦地耕耘，为潮汕历史文化的“百花园”增光添彩：《品潮探海》《广竹枝集》《此中人集》……他编著撰写潮菜文化的文章字数是以百万计，垒叠的纸量更是比人还高。他一字又一字记录着潮菜文化的故事，一篇又一篇的文章诠释了潮菜文化的真谛，一首又一首的诗词抒发对潮菜文化的感情——他就是汕头教育学院原院长、荣获首届暨南大学潮学“终身成就奖”、潮汕历史文化研究中心顾问杨方笙先生。杨方笙先生在《品潮探海》的自序中说：“潮州菜与潮汕文化”的研究“是个既有文化意义，又有经济意义的选题，可惜很少人搞”。对于潮汕饮食文化观念内涵的研究，他又指出“天人合一的自然观；五味调和的美食观，药食同源的养生观，饮和食德的礼俗观”。因此，无论是2023年在潮州市举办的“第二届世界潮州菜大赛”，还是在汕头举行的“2024世界潮汕菜大会”，都旨在树立潮汕城市品牌，提升潮汕对外形象，推动潮菜产业的高质量、高档次、高速度发展。这对于社会经济的发展、饮食科学的倡明和人民素质的提高，对于追求更精、更新、更好，更多样、更科学、更营养，对于潮菜的再定位、再开发、再发展，都具有重要的现实意义和深远的历史意义。

其次是积累的过程。在这个过程中，学习调研了图书馆、博物馆和有关院校及研究机构的资料，请教院校老师和专家学者；参观考察了酒楼、名店和大排档及路边食摊，了解厨师和厨工烹饪实操技艺；深入农村基层、种植基地和养殖大户及专卖店进行“田野调查”，体会他们为了盘中餐的辛苦；寻访民间高手、专业能手和“土专家”，欣赏他们收藏的经典作品。一次次的学习调研，在潮汕历史文化，特别是潮菜文化的知识海洋中，我吸收了大量的营养；一次次的参观考察，我在潮菜烹调技艺中，得到了不断的“滋润”；一次次的田野调查，我在丰富多彩的潮菜食材中，追溯海陆“荤素”的源头；一次次的寻访，我在茶聊座谈中，聆听着潮菜文艺“美丽故事”的真谛。古人说得好，天道酬勤，日积月累必有所成。随着《潮菜文艺》编著工作的逐步展开和不断提升，我不但积累了大量的潮汕文化资料，特别是潮菜文学和潮菜艺术的知识，而且还积累了人生的阅历和经验。

再者是展望的过程。在这个过程中，我看到了潮菜从古代走向近代，又从近代走向现代，并以绚丽多彩、勃发向上的姿态跨进了新时代。如果说潮菜文化在古代的唐朝到清朝，是从雏形期到成熟期，为潮菜的发展夯实基础，那么从近代到现代，可以说潮菜经历了三次飞跃发展时期——汕头开埠到汕头设市的时期、改革开放到20世纪末的时期、21世纪以来的时期。第一，潮菜已经名扬中外，是中国四大菜系中粤菜的主要代表，在国际上是“中华的最好料理”。第二，潮菜真的很“潮”，展望未来，潮菜已经成为国内外高度关注的菜系，许多名店和食摊更是成为网红打卡点；原来的“酒楼品”也逐步转向“家庭味”；更加值得关注的是，加入“潮菜文化圈”的人越来越多，研究潮菜文化的机构和作品像雨后春笋一样，层出不穷。第三，作为潮汕地区特别是汕头的本土菜，潮菜对社会、经济和文化的贡献越来越大。能成为一个重要的产业，它将更加有力地推动潮汕地区，特别是粤东中心城市——汕头市的社会、经济和文化的发展；能成为一个产业链的龙头，并与数字化技术相结合，它将带动潮汕地区新产业的形成和发展，助推乡村经济的振兴。

《潮菜文艺》书稿终于完成了。在此感谢众多机构、长辈老师、同行朋友。由于时间仓促，不可避免地存在错漏之处，敬请理解包涵，不吝赐教。